우리 술

한주 기행

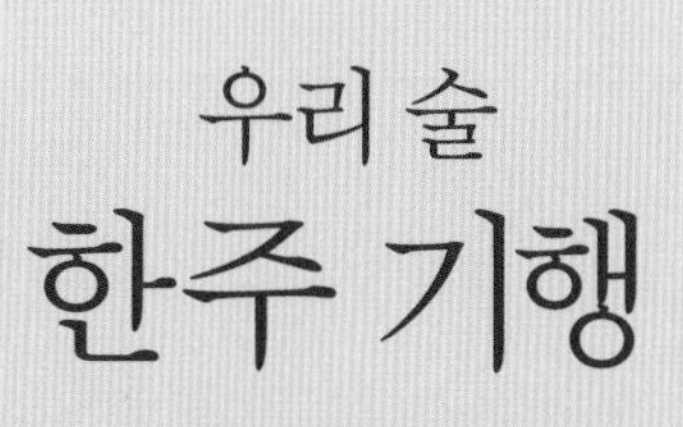

우리 술

한주 기행

백웅재 지음

창비

하늘에 계신 어머니께 이 책을 바친다.

소비하는 전통에서 만들어가는 전통으로

술을 따라다니며 양조장을 방문하고 테이스팅 노트를 쓰기 시작한 지 어언 10년이 되었다. 초기에는 나도 '生'이라는 투박한 한자(漢字)가 박힌, 그마저도 없으면 큰 농약병과 구분하기 힘든 생막걸리병이 촌스럽다고 생각했다(그 생각은 지금도 여전하다). 촌스러운 용기는 그만큼 상품화가 덜 되었다는, 아직 이 산업이 미숙한 수준임을 보여준다고 나는 믿는다.

우리나라는 현대의 기술과 제도를 받아들이면서 모든 것이 압축적으로 성장해왔다. 생주가 밀려난 것도 그런 현대화 과정의 한 현상이었다. 하지만 그런 와중에도 생주는 사라지지 않았다. 값싸고 투박한 막걸리의 형태로나마 생주의 전통을 지킨 이 나라, 이 민족은 과연 음주가무로 호(號)가 난 그이들의 후예가 맞는다 싶다.

근래 한주(韓酒)가 붐이다. 한주는 전통주의 대체어로 내가 만든 말이다(자세한 설명은 책에 해두었다). 그동안 한주 붐이 일기를 얼마나 기다려왔던가! 한주 붐을 위해 이런저런 노력을 많이 했는데 역시 모든 일은 '노오력'만으로 되는 것이 아니다. 겨울에도 봄꽃을 피우는 시대다보니 잊고 있었지만, 때가 맞으면 될 일은 되게 마련이고 안 맞으면 될 일도 안 되는 것이 세상의 이치다. 이제 한주 시장에 각 분야의 전문가와 투자자들이 모여들고 있다. 없는 능력을 쥐어짜가며 혼자 날뛰어도 안 되던 때가 엊그제인데 이제 나는 내가 잘하는 것을 하고 있으며, 다른 부분을 같이할 사람들도 생겨나고 있다.

나는 그간 블로그에 700개 가까운 한주 테이스팅 노트를 작성해왔고, '세발자전거'라는 한주 전문 주점을 운영했으며, 해외 시음회나 양조장 초청 이벤트, 한국 양조장 투어 프로그램 개발 등 다양한 일을 경험했다. 술 품평회나 전통주 소믈리에 대회의 심사위원도 역임했다. 현재도 지방에서 한주 전문점을 다양한 형태로 시험하며 지역 밀착형 한주 소매점을 구상하고 있고, 한주 브랜드 매니지먼트 에이전시를 운영하고 있기도 하다. 이 중 대부분은 다른 사람들이 시도해본 적 없는 일이었고 그 경험이 그대로 콘텐츠가 되었다.

이 책은 한주 중에서도 프리미엄급의 고급주를 다룬다. 프리미엄 한주가 만들어지는 곳과 프리미엄 한주를 만드는 사람과 프리미엄 한주를 즐기는 사람들에 관한 이야기다. 프리미엄은 스탠더드보다 비싸다. 그러니까 이 책은 '비싼' 한주를 소개하는 책이기도 하다. 외국의 와인이나 위스키를 보며 우리나라도 저런 고급주가 있었으면 하고 생각해본 사람이라면 프리미엄 한주 세계의 매력에 금세 빠져들게 될 것이다. 수입하거나 의고(擬古)한 것이 아니라 살아 있는 전통과 문화에 빠지다보면 내가 그랬듯이 그렇게 돌아올 수 없는 강을 건너게 될 것이다.

내가 정의하는 프리미엄 한주는 우리나라에서 나는 재료를 쓰고, 누룩을 사용해 술을 빚어 장기숙성하고, 인공감미료는 넣지 않은, 그러면서도 충분히 문화적 가치가 있는 술들을 말한다. 이런 조건을 전부 다 충족시켜야 프리미엄이라기보다는 대략 이런 가치들을 많이 반영하는 술을 프리미엄이라고 할 수 있다는 의미로 받아들여 주면 좋겠다.

근래 한주 붐이 일면서 많은 젊은이들이 업계에 뛰어들고 있다. 공부를 할 마음들은 있는데 공부할 재료가 없다. 서가 한줄을 채우기에도 부족한 한주 관련 서적들은 양조법 설명이나 가벼운 에세이 위주고 본격적으로 술과 양조장을 소개한 책은 한 손에 꼽힌다. 한주 산업에 대한 분석이나 한주 판매를 전문으로 하고 싶어하는 이들을 위한 교육 자료도 제대로 된 것을 찾기 어렵다. 그런 사람들을 위해 내가 처음 한주를 공부할 때 부딪쳤던 막막함을 느끼지 않게, 필요한 사람에게 도움이 될 만한 책을 쓰고 싶었다. 그러면서도 더 많은 사람들에게 다가가고 싶은 욕심에 여행기 형식으로 썼다. 내가 공부한 것의 절반쯤, 아니 절반 이상이 이렇게 여행을 다니며 얻은 것들이니 안 될 것은 없다 싶다.

이 책의 구체적인 정보와 지식도 도움이 되겠지만 오히려 이 책에 나와 있지 않은 부분이 얼마나 많은지를 독자들에게 알려줄 수 있으면 좋겠다. 책의 내용을 숙지하는 것도 나로서는 보람 있는 일이겠지만 표현되지 않은 엄청난 정보와 지식을 구하는 방법을 배운다고 생각하면 훨씬 더 쓸모 있는 책이 될 것이다. 한주 산업에서 일하려는 사람들에게 '물고기 잡는 법을 가르쳐주는' 책이 되기를 바란다.

업자들이 아닌 한주 애호가들 혹은 여행의 낙은 역시 맛난 음식을 찾아 먹는 것이라고 생각하는 미식 여행자들에게도 이 책은 재미와 쓸모가 있을 것이라고 생각한다. 국내여행이건 해외여행이건 랜드마크에서 사진 찍고 오는 시대는 지났다. 나에게 의미 있는 여행, 남들과는 다른 특별한 경험을 하고 싶어하는 욕구가 최근의 여행 트렌드다. 미식 투어리즘은 한때 전세계의 고급 식당이나 희귀한 고급 식재료를 찾아 떠나는 여행을 일컫는 말이었다. 하지만 이제는 그런 소비적인 식도락이 아니라 그 재료가 어디서 오는지, 어떻게 가공되고 운반되는지, 또 어떻게 사람들의 소비 욕구를 자극하는 정보로 만들어져 전달되는지를 알고자 하는, 즉 우리가 먹고 사는 과정 전체에 대한 탐구로 바뀌어가고 있다. 배움의 여행이라는 점에서 미식 투어리즘은 근래 가장 생산성이 좋은 분야가 아닌가 한다.

양조장 투어는 우리나라에서 아직 활성화된 분야는 아니다. 이 책을 쓰면서 그런 여행을 가보고 싶은 사람들이 기초적인 도움을 받을 수 있도록 신경 썼다. 생산되는 술들을 소개한 것은 물론이고, 체험이나 교육 등 방문자가 참여할 수 있는 프로그램도 소개했다.

양조장 장인과의 인터뷰를 통해서 그 사람과 양조장의 분위기도 전달하려고 애썼다. 농림축산식품부에서 추진하는 '찾아가는 양조장' 등의 사업을 통해 방문 환경을 개선하는 곳들이 많아지고 있다. 술을 만드는 사람과 마시는 사람이 직접 만날 수 있는 기회가 많아지는 것이 프리미엄주의 대중화에서 가장 중요한 일이라고 생각한다. 좋은 술을 마시고 싶은 사람, 술 만드는 법을 배우려는 사람들이라면 되도록 많은 양조장을 찾아보기를 권한다. 현지에서 직접 시음과 체험도 해보고 양조 장인들의 이야기도 듣는다면 얻는 바가 무궁할 것이다.

술 좋아하는 사람들이야 양조장에 가면 그저 신이 나겠지만 양조장 입장에서는 귀중한 시간을 들여 손님을 상대하는 것임을 잊지 말자. 정식으로 방문이나 체험 프로그램을 운영하는 곳이 아닐 경우에는 더더욱 사전에 연락해 약속을 잡아야 하는 것은 물론이고, 방문해서는 상대에게 예의를 갖추고 그곳의 술을 몇병이라도 사오기를 권한다. 양조장에 가면 어떤 질문을 해야 하고 해도 되는지, 어떤 행동은 금기시되는지, 술과 양조장의 특징은 어떻게 포착하는지 등에 대해서 어느 정도 사전지식을 갖추고 가는 것이 여러모로 좋다. 그런 이야기도 앞으로 서서히 풀어나갈 생각이다.

이 책을 읽고 나면 아마 독자 여러분도 나처럼 돌아올 수 없는 강을 건넌 사람들 중 한명이 될 것이다. 소비하는 전통이 아니라 만들어가는 전통에 동참하는 희열이 있을 것이다. 이 책은 여러번의 여행과 그곳에서 만난 다양한 사람들이 모자이크처럼 겹쳐 있어서 꼭 시간 순서대로 된 것도 아니고 계절감이 다른 부분도 있다. 흔히 시간의 흐름에 따른 구성을 지닌 다른 여행기와는 분위기가 다르겠지만 다양한 시와 때, 다양한 사람들이 느끼는 바를 소개하기에는 이런 형식이 더 좋다고 생각했다. 이 거리와 간극을 메우며 읽는 것도 나름 즐거운 독서법이 될 것이다.

이런저런 걱정은 접어두고 일단 떠나보자. 아직 누군가가 확실히 닦아놓은 것이 적은 분야니까 스스로 부딪쳐 경험하는 것의 가치도 그만큼 크다. 그리고 무엇보다, 양조장에서 마시는 술과 식당에 앉아서 사 마시는 술은 그 맛이 다르다. 그걸로 양조장 투어를 떠날 가치는 충분하지 싶다.

차례

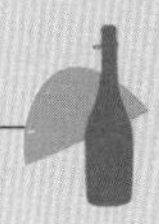

프롤로그

기행을 떠나기 전에

한주란 무엇인가

한주(韓酒), 생주(生酒)의 탄생! 탄생이라기보다는 재탄생이라고 불러야 할 듯싶다. 혹은 르네상스(復興)라는 표현이 진부하지만 상황을 맞춤하게 설명하는 말일 수 있겠다. 없었던 것이 생겨난 것은 아니고 기존에 있던 것의 재발견이며 부흥이다.

'한주'는 단어 그대로 뜻을 풀자면 '한국 술'이다. 사실 한주는 내가 만들어낸 말이다. 한류(韓流), 한복(韓服), 한옥(韓屋)의 한국을 의미하는 '한(韓)'에 술을 의미하는 '주(酒)'를 붙였다. 쉽게 말하면 전통주다. 그러나 한주를 한국 술이라고 생각할 수도 있다. 꼭 전통주가 아니더라도 녹색병 소주, 국산 와인, 그밖에 어떤 술이든 국내에서 생산되는 술이면 다 '한국 술'이다. 혹은 한국 전통주의 스타일을 따라 외국에서 만드는 술이라면 한주라고 할 수도 있겠다. 애초에 한주를 전통주로 한정하는 개념의 선을 딱 긋지 않은 것은 이런 주장도 일리가 있다는 생각에서다. 한류가 그렇듯이 이것이 '한국만의' '박제된' 전통이 아니라 열려 있고 활력 있고 발전하는 문화라는 의미에서 구체적인 개념 정의는 하지 않으려 한다. 문명개화한 요즘 세상에 자꾸 개념을 딱 떨어지게 정의하려는, 생각이 닫힌 사람들과는 대화하거나 일할 때 힘이 든다. 그렇다고 녹색병의 희석식 소주 같은 것을 소개하려고 이 일을 하고 이 글을 쓰는 것은 물론 아니다(그런 것은 항상 당대 최고의 인기 스타들이 하는 일인 것 같다).

한주는 '전통주'의 대체어다. 그렇다면 전통주, 그 전통의 실체는 과연 무엇인가? 고서(古書)의 주방문(酒房文)인가? 종갓집에서 내려오는 종부의 손맛인가? 그런 것들도 물론 전통이겠지만 내 생각에 한주의 전통은 과거에만 매달릴 것이 아니다. 사실 그 매달릴 과거의 실체가 무엇인지, 과연 우리가 그 과거에 대해서 충분히 알고 있는지 자체에 문제가 있는 것도 여느 분야와 다르지 않다. 한주는 살아 있는 생명체고, 그리하여 생생한 현실이고, 그 현실의 축적이 곧 우리의 미래, 우리가 만들어갈 전통이라는 점이 한주와 전통의 오묘한 양경반조(兩鏡返照)적 현실이다. 수입되거나 박제된 문화가 아니라 생생하게 살아 있는 문화를 즐기는 것이 한주를, 생주를 즐기는 기쁨이다.

전통주라고 부르지 않고 굳이 한주라는 말을 지어서 (일부에서는 욕도 들어가며) 쓰는 이유가 있다. 외국에 나가보면 전통주라는 말이 얼마나 '우물 안 개구리' 같은 용어인지 금방 알 수 있다. 우리나라에만 전통이 있고 외국은 다들 오랑캐란 말인가? 누구나 조상이 있고 문화가 있고 나름의 전통이 있다. '전통주'라는 말은 우리가 지칭하고자 하는 우리 술을 연상시키기보다는 각 나라 혹은 각 지역의 전통주를 떠올리게 한다. 외국에서 한국의 전통주를 설명하다보면 '코리안 트래디셔널'(Korean traditional)로 시작하는 설명에 말이 길어진다. 현장을 한번 겪어보면 바로 답이 나온다. 물론 어떻게든 행사만 치르고 나면 실적이 된다고 생각하는 나랏일 하시는 분들이나 '전통주'로 기득권을 확보하신 분들께는 별로 중요한 일은 아니겠지만…

한주의 '한(韓)'은 한국을 뜻하는 단어지만 사실 쌀술의 전통은 도작(稻作) 문화권에서 공통으로 보이는 술 문화다. 한국만의 것이 아니다. 그럼에도 한주라고 부를 수 있는 이유는 한국이 음주가무에 있어 유구하고 뛰어난 전통이 있는 데다가 쌀술, 그것도 생으로 된 쌀술 문화에 있어 전세계의 발군이기 때문이다.

이제 한국도 문화선진국으로 자리잡으면서 '한'이라는 브랜드가 외국 사람들에게 먹히기 시작했다는 것도 한주라는 말을 쓰는 이유 중 하나이고, 한주라는 말이 어느 문화권의 사람이든 발음하기에 어렵지 않다는 것도 중요한 이유다. 이것도 현장에서 뛰어보면 금방 느낄 수 있는 장점이다.

이렇게 한국이라는 이미지가 당분간은 이 쌀술 전체의 발전에 도움이 될 것이라고 보아 한주라는 명칭을 써도 무방하리라 판단했다. 외국에서 술 관련 사업을 해보았거나, 최근 2030 젊은 세대를 중심으로 불고 있는 한주 부흥의 기운을 느낀 사람들에게 전통주라는 표현은 낡은 말이 된 지 오래다. 전통주 대신 그저 '술(sul 혹은 sool, 이것도 굳이 얘기하자면 긴 발음인 sool은 확실히 틀린 표현이다)'이라고 부르는 경우도 있는 모양인데, 안 될 것은 없지만 그것은 그것대로 단어 자체로는 설명이 되지 않아 술이란 말을 다시 설명하고 가르쳐야 하는 고충이 있다.

자꾸 한주라는 표현에 딴죽을 거는 사람들에게 나는 한주가 한국만의 것이 아니라는 점을 생각해보라고 권하고 싶다. 모순적인 것 같지만 '한'이라는 말이 붙어서 오히려 '한'이 아닌 것을 생각하게 하는 효과가 있다. '한주'는 과도기적으로 쓸 수 있지만 '술'은 오히려 그러기가 훨씬 어렵다. '술'은 다른 나라에서는 전혀 쓰지 않는 순 한국말이다. '술'이라는 단어를 외국 사람들은 어떻게 받아들일까? '술'을 쓰자고 주장하는 사람들은 일본의 술이 사케라는 이름으로 자리잡은 것을 보며 '술' 역시 그렇게 받아들여질 것이라고 생각한다. 사케가 상대적으로 성공을 거둔 것은 맞지만 그 나름의 한계도 있다. 사케라는 범칭이 청주를 가리키는 것으로 받아들여짐으로써 청주 이외의 다른 일본 술들이 성장하는 데 어려움을 겪기도 하고, 일본 술이 아니더라도 다른 나라의 쌀술을 받아들일 폭을 좁게 만든다.

다시 말하지만 한주가 한국'만'의 전통문화라는 착각은 하지 말자. 이것은 도작 문화권 공통의 문화유산이다. 한국만의 것이 아닌데 '한'이라는 접두사를 붙이는 것이 모순처럼 여겨지지만 이런 자기모순이 나중에는 해체적 발전을 가능하게 할 것이라는 점도 염두에 둔 발상이다. 전통주 대신 한주를 통해서 민족 콤플렉스에서 벗어나는 탈출구를 찾아보는 것도 좋겠다.

한주라는 용어에 대한 이야기는 이 정도로 하고, 한주의 특징을 알아보기 전에 생주에 대한 설명부터 해야겠다.

생주와 살균주의 차이

술과 여행을 좋아하는 나는 전세계를 돌아다니며 현지의 술을 찾아 마셨다. 30년 이상 된 위스키부터 그랑크뤼(Grand Cru, 프랑스, 특히 보르도와 부르고뉴에서 최고급 와인을 만들어내는 포도원을 이르는 말) 와인까지, 그밖에 무엇이든 능력이 허락하는 한 좋은 술들을 구해 마셔봤지만 그중에서도 내가 가장 매력을 느꼈던 술은 '살균하지 않은' 한주들이었다. 이 생주의 매력은 나 자신을 비롯해 여러 사람들을 사로잡았다.

생주를 설명하자니 너무 당연해 오히려 설명이 힘들다. 생주는 한마디로 다양한 미생물이 살아 있는, 그 자체로 하나의 생태계를 이루는 술을 말한다. 미생물이 알코올발효를 통해서 만들어내는 것이 술이니 기본적으로 생주란 하나 마나 한 말이다. 생주의 반대를 살균주라고 한다(살균과 멸균이 있고 이 두가지는 엄밀히 말하면 다르지만 일단 흔히 쓰이는 살균주라는 말이 이 두가지를 아우른다고 보아 그냥 살균주로 통칭한다). 살균주는 이런 미생물들을 죽인 술이다. 균이 죽었으니 생태계라고 할 수 없다. 생주를 마시면 살아 있는 것을, 살균주를 마시면 죽어 있는 것을 우리 몸에 받아들이는 셈이다.

생주와 살균주의 차이를 가장 잘 알 수 있는 방법은 역시 맛을 보는 것이다. 서울 어디서나 흔히 구할 수 있는 '장수막걸리'와, 같은 회사에서 나오는 '월매'를 같이 놓고 마셔보는 것이 가장 간단하게 실험해볼 수 있는 방법이다. 장수막걸리와 월매는 성분이나 제조 방법이 똑같지는 않지만 같은 회사 제품이기 때문에 비슷한 개성을 지니고 있어 비교에 적합하다. 내가 여러 사람들에게 어느 쪽이 맛이 좋은지 물어본 결과 90퍼센트 이상이 생주 쪽이 좋다고 답했다.

막걸리 기준으로 생주와 살균주를 비교해 마셔보면 곧바로 느껴지는 차이는 탄산이다. 살균주는 탄산이 없고 밋밋하다. 탄산이 없다보니 합성감미료의 단맛과 그에 바로 따라붙는 쓴맛이 상당히 노골적으로 혀를 압박하는 느낌이 든다. 산미와 감미의 밸런스도 단맛으로 치우쳐 있거나 산미가 있어도 겉도는 경우가 많다. 기본적으로 열처리를 통해서 살균하기 때문에 균을 죽이는 과정에서 탄산이 날아가고 여러 향미 성분이 휘발되며 단백질이 변성되는 등 맛의 밸런스도 깨지기 십상이다.

막걸리의 예를 들어 가열살균의 단점을 얘기했지만 사실 살균하는 방법은 다양하다. 그중 많이 쓰는 방식을 꼽자면 저온 열처리, 필터링, 황화합물 병입(甁入) 등이 있다. 저온 열처리 방식은 가장 흔하게 쓰이는 살균 방법으로 60~80도 정도의 비교적 낮은 온도에서 중탕해 멸균 처리를 한다. 구체적인 온도는 양조장마다 다른데 우유에도 쓰이는 파스퇴르 방식이라고 보면 틀리지 않는다. 우리나라에서도 많이 사용하는 방식이지만 우리나라 양조장들의 살균기술이 정교하지 않기도 하고, 기본적으로 열처리 살균 방식은 앞서 말했듯 탄산과 여러 향미 성분이 휘발되고 그에 따라 밸런스가 깨지는 등 술의 맛을 떨어뜨리는 단점이 있다. 그래서 요즘은 일본 사케도 열처리 살균을 하지 않은 술이 많이 출시되고 있다.

청주나 약주 같은 맑은 술에 많이 쓰는 방법이 필터링이다. 일본 등에서 수입되는 프리미엄급 생맥주에도 많이 사용한다. 미생물이 살아 있는 술인 생주의 '생'과는 의미가 다르지만 법적으로 열처리를 안 하면 '생'이라는 말을 쓸 수 있기 때문에 필터링한 맥주를 생맥주라고 부르는 것이다. 필터링은 균을 없애기 위해서 미세한 효모 등까지 걸러내는 필터를 사용한다. 정수기의 원리를 생각하면 이해가 빠르다. 필터링 방식의 경우 열처리 방식에 비해 탄산이 많이 남아 있는 편이다. 또한 열에 의해 변성되거나 휘발되지 않기 때문에 향미도 살아 있어서 저온살균 방식보다 훨씬 생주에 가까운 상태로 유지될 수 있다. 열처리 방법에 비해 장점이 많기는 하지만 이렇게 살균 효과가 있을 정도로 필터링을 하고 나면 후발효가 거의 정지되어 숙성의 장점이 사라지는 것은 매한가지다.

이산화황이나 무수아황산 등 황화합물을 병입해서 살균 효과를 내기도 한다. 와인에 많이 쓰는 방식이다. 황화합물은 살균 작용 이외에 산화 작용 및 갈변을 방지하는 효과도 있어 거의 마법의 첨가

제라고 할 수 있다. 하지만 이런 황화합물은 인체에 유해하다. 호흡기 질환이나 알레르기를 유발하기도 하고 과다하게 노출되면 사람이 죽을 수도 있는 독성물질이다. 물론 식품에 대한 기준과 법률이 있기 때문에 그것을 지켜서 만든다면 큰 문제는 없다. 소량의 이산화황은 병을 여는 순간에 날아가버려서 인체에 거의 영향을 미치지는 않는다(그래서 와인 병을 개봉하자마자 코를 들이대면 안 된다). 인체에 끼치는 영향을 말하자면 우리 몸에도 황이 있고, 와인에도 황이 이미 들어 있다. 그러니까 황화합물 자체에 무조건 질겁할 필요는 없다. 그래도 내추럴 와인 예찬론자들은 황화합물을 와인의 본질적인 매력을 가리는 물질로 보기도 한다. 어쨌든 '내추럴'한 방식이 아니기도 하고, 애호가들에게는 무한한 신비의 영역인 병입 후의 발효 과정을 방해하여 와인의 맛과 향을 가리기 때문이다.

그렇다면 왜 균을 죽일까? 우리 몸에 나쁜 균이라서는 아니다. 효모나 젖산균같이 술을 만드는 균들은 오히려 우리 몸에 유익하다. 그럼에도 그 균들을 죽여가며 술을 만드는 이유는 순전히 상업적인 이해관계 때문이다.

살균주는 기본적으로 균이 다 죽은 상태라서 오랜 시간 상온에 두어도 변질되지 않는다. 이는 상업적으로는 매우 큰 장점이지만, 사실 살균주의 거의 유일한 장점이다. 보존성을 위해 살균을 함으로써 희생되는 것들이 훨씬 많다. 예를 들어 살균한 막걸리는 알코올발효와 병입 후 숙성 과정에서 발생하는 상큼한 탄산도 없고 산미도 뭉툭해진다. 인공탄산을 강제주입할 수도 있지만 주입한 탄산과 천연탄산은 느낌이 굉장히 다르다. 샴페인의 경우 버블도 미세하고 부드러운 것, 톡톡 튀고 잘 터지는 것, 입자가 굵고 거친 것 등의 다양한 스타일을 따진다. 인공주입 탄산이라고 이런 스타일을 영 표현 못할 이유는 없겠으나 애초에 간편하고 돈 되는 상품화를 위해서 인공탄산을 쓰겠다는 마인드에 이런 섬세한 배려가 설 자리는 극히 좁을 것이다. 한마디로 살균주는 새콤달콤하고 짜릿한 막걸리의 특징을 다 날려버린다.

살균을 하면 맛이 없어지는 것뿐만 아니라 열처리를 거치는 동안 단백질, 비타민 등 영양소의 상당 부분이 파괴된다. 균이 술의 영양소를 따지자는 것이 아니라, 영양소의 파괴가 다시 맛과 향의 문제로 이어지기 때문에 중요하다.

21세기 이 시점에서 한주의 특징이자 장점은 생주라는 것이다. 생주는 살균하지 않은 술, 자연 그대로의 술이다. 쌀술과는 달리 생주를 도작 문화권 공통의 문화라고 보기는 어렵다. 우리의 막걸리나 청주는 예로부터 살균하지 않는다. 반면 아열대나 열대 기후인 동남아 국가나 중국 남부, 일본의 규슈와 오키나와 같은 지역의 술은 발효주도 가열살균을 하거나 아니면 아예 알코올 도수가 높은 증류주를 만들어 마시는 전통이 강하다. 중국의 황주가 가열살균을 하는 대표적인 경우다. 황주는 가열살균은 하지만 진흙으로 병을 봉하고 연잎이나 다른 식물의 잎으로 뚜껑을 대신하여 그늘진 곳에서 보관하다보면 적게나마 외부와의 교류가 생겨나 숙성이 일어난다. 숙성에는 균에 의한 부분 말고 물리적으로 분자구조가 달라진다거나 숙성용기의 향을 흡수하는 것도 있어서 살균주라고 해도 숙성의 효과가 없는 것은 아니다. 그래서 오래 묵은 황주는 색이 점점 검어지고 향도 짙어진다. 물론 가격도 비싸진다.

막걸리나 청주 같은 발효주를 생주로 마시는 것은 의외로 보편적인 문화는 아니며 소위 선진국들에서는 더욱 그렇다. 그래서 생주라는 것이 '한국 술'로서의 한주가 가진 가장 큰 특징이자 장점이 된다. 생주는 살균하지 않아서 풍미와 향이 살아 있고 영양도 풍부하다. 하지만 그에 대적할 큰 상업적 단점도 가지고 있다. 바로 유통의 어려움이다. 유통의 어려움을 극복할 수 있다면 생주라는 특징이 한주, 즉 쌀술의 부흥을 이끌고 나아가 세계 주류 산업과 문화를 바꿀 것이다.

맑은 술 청주, 탁한 술 탁주

한주는 상태에 따라 크게 청주와 탁주로 나뉜다. 청주는 말 그대로 맑은 술, 탁주는 탁한 술이다. 탁주와 막걸리는 서로 통용되는 말이다. 특히 영남지방에서는 같은 말로 쓰지만 엄밀히 따지면 구분되는 범주다.

옛날에는 독 하나에 술을 담가서 술이 익으면 맨 위에 맑은 것을 먼저 떠냈다. 이것이 청주다. 이렇게 맑은 술을 한번 떠내고 나면 고운 베나 채에 술을 거른다. 그러면 액체와 함께 일정량의 술지게미가 나온다. 이것이 탁주다. 탁주는 이 고형분 덕에 풍미가 더 진하고 배도 부르다. 예로부터 청주를 더 고급으로 치고 탁주는 그 아래로 봤다. 청주는 양도 적고 오래 기다려 앙금을 가라앉혀야만 하는 술이라 탁주에 비해서 귀하게 여겼던 것이다.

이렇게 탁주를 거르고 난 후에 남은 술지게미에 물을 부어 한번 더 거르면 이것이 막걸리다. 말하자면 술지게미에 물을 부어 재활용한 술이다. 당연히 도수도 낮고 영양 성분이나 풍미도 덜하다. 도수가 낮으니 보존성도 떨어져서 바로 걸러 바로 마셨을 가능성이 크다. '막' 거른 술이라 막걸리인데 이걸 '마구, 대충'으로 해석할지 혹은 '지금 막'으로 해석할지는 의론이 다양하다. 하지만 어떻게 해도 막걸리가 고급주가 될 수는 없다. 한동안 막걸리를 세계화한다며 나랏돈을 써가면서 막걸리라는 말을 미화했다. 스토리텔링을 위해서 스토리를 지어낼 필요가 있을까. 이미 하나의 술이 세상에 탄생하는 과정에 그 간난신고와 기적 같은 이야기는 충분히 펼쳐져 있다. 굳이 사실을 왜곡하고 가리며 미화하는 것이 제대로 된 스토리텔링 마케팅은 아닐 것이다.

한가지 오해하면 안 될 것은 이런 청주, 탁주, 막걸리의 분류는 모두 옛날 가양주(家釀酒)를 빚던 식으로 한 독에서 나온 술을 기준으로 한다는 것이다. 근래에 생산되는 술들은 청주면 청주, 탁주면 탁주, 막걸리면 막걸리 이렇게 정확한 목적을 가지고 한가지만 생산한다. 한 독에서 차례로 걸러내는 전통적인 방식에서는 나름의 귀천이 있었지만 현재는 아니다. 저도주가 트렌드다보니 연구개발을 열심히 해서 일부러 청주나 증류주가 아닌 막걸리를 만드는 곳도 많다(값싼 수입산 재료와 화학물질로 만든 청주도 있고 좋은 국산 쌀만 골라 정성껏 빚은 탁주나 막걸리도 있으니 막걸리라고 무조건 무시하면 안 된다).

술이 가진 다양한 맛과 테이스팅 노트

술에는 단맛, 신맛, 쓴맛, 탄산 등등 여러가지 맛이 있다. 같이 앉아 술 마시며 이야기하는 것이 아닌 글로써만 술맛을 표현해야 하니 책에 담긴 테이스팅 노트에서 술맛을 표현하는 방법을 좀 설명해두는 것이 좋겠다. 사실 이보다 더 정교하게 표현할 수도 있겠으나 우선은 가장 기초적인 관능 특성만 표현해도 기본적인 스타일은 테이스팅 노트를 보고 알 수 있다.

테이스팅 노트에서 술의 맛 혹은 관능 특성을 표현하는 네가지 기둥이 있다. 탁주 혹은 막걸리의 경우는 단맛(감미), 신맛(산미), 탁도, 탄산이다.

단맛 혹은 감미는 말 그대로 단맛의 정도이다. 쌀의 탄수화물이 당으로 분해되면서 자연스럽게 단맛이 나게 되고 제조 과정에서 이 단맛의 정도를 조절할 수 있다. 신맛은 술이 발효되는 과정에서 자연스럽게 생겨나는 다양한 유기산의 맛이기도 하고 주로 젖산발효에 의해 생겨나는 산미이기도 하다. 이 신맛이 술의 전체적인 인상을 결정하는 데 중요한 역할을 하는 것은 물론이다.

탁도는 막걸리에 주로 쓰인다. 침전물이 얼마나 남았는지, 그래서 얼마나 탁한지가 기준이 된다. 청주나 소주 같은 맑은 술의 경우 탁도라고 따질 정도는 아니고, 외국 술에 쓰이는 보디(body)라는 개념을 차용해서 쓰면 맞춤하다. 나의 경우에는 '점도'로 표현한다. 정확히는 점도보다 좀더 넓은 개념이지만 용어를 그렇게 쓴다는 말이다.

탄산은 알코올발효의 과정에서 생겨나는 탄산의 정도로 이것도 주로 탁주에 쓰이는 분류 개념이다. 탄산은 살아 있는 생주의 큰 특징이기도 한데, 병입 후에도 후발효가 일어나면서 탄산이 계속 생겨나는 것이 막걸리의 특징이다. 발효를 충분히 시킨 술은 후발효 과정에서 생겨나는 탄산의 양이 미미하고, 아직 알코올발효가 안 끝났는데 병입을 하면 병이 터질 정도로 계속 탄산이 생겨난다. 술을 걸러서 내는(앞서 말했던 살균 수준의 필터링이든 전통적으로 성긴 용수를 박아 걸러내는 것이든) 청주는 탄산이 상대적으로 적고, 증류주는 가열해서 알코올을 추출한 것이기 때문에 탄산이 아예 없다. 그래서 청주나 증류주는 탄산 기준 대신 감칠맛이나 알코올의 쓴맛(고미, 苦味) 등으로 대체하게 된다(하지만 샴페인같이 스파클링한 청주를 출시하려는 연구도 있다).

내가 작성한 각 양조장에서 생산되는 술들의 테이스팅 노트에서 상중하 평가는 개인적으로 수많은 술을 시음해보고 잡은 기준이라 딱히 말로 표현하기는 어렵다. 예를 들어 단술이 많은 특성상 감미가 중이라고 하면 달지도 쓰지도 않은 술이 아니라 와인으로 말하자면 일반적인 로제와인 이상의 당도가 느껴질 것이다. 다시 말해서 이런 상중하 평가는 술들의 개성이 평균적으로 당도가 덜하게 바뀐다거나(실제로 현재 이런 방향으로 트렌드가 이동하는 추세다) 하면 움직일 수 있는 기준이다.

시중에서 쉽게 구할 수 있고 많은 사람들에게 친숙한 장수막걸리의 경우,

산미: 중하 / 감미: 중상 / 탁도: 중 / 탄산: 중

정도로 평가할 수 있겠다.

청주의 경우 탁도는 의미가 없는 기준이다. 탄산도 현재까지 시판되는 청주 중에는 두드러지는 것이 없다. 그래서 탁도와 탄산을 대신해 감칠맛과 점도를 스타일을 제시하는 기준으로 사용한다.

청하를 예로 들어보자.

산미: 하 / 감미: 중 / 감칠맛: 중하 / 점도: 중하

증류주의 경우는 탁도와 탄산뿐 아니라 산미도 의도적으로 넣지 않으면 거의 없는 것이 정상이다. 증류 과정에서 산 성분이 대부분 휘발되기 때문이다. 그래서 쓴맛이 두드러지게 되고, 따라서 증류주는 고미가 중요한 기준이 된다. 흔히 볼 수 있는 참이슬소주를 예로 들어보자(이렇게 성긴 기준으로는 참이슬도 비슷하다. 스타일의

기준이다).

감미: 중상 / 감칠맛: 하 / 점도: 하 / 고미: 중하

생주의 경우 그때그때 상태가 조금씩 다르기 때문에 테이스팅 노트 등에 제시된 각 기준의 지표는 절대적인 것이 아니다. 또한 이외에도 수많은 맛과 향이 있어서 개인에 따라 훨씬 다양한 기준을 잡을 수도 있다. 다만 이렇게 네가지 정도에 대한 정보를 제시하면 경험이 충분히 쌓인 사람들끼리는 대개 스타일을 짐작할 수 있다.

그러고 나면 구체적인 코멘트를 통해서 좀더 자세한 느낌을 표현한다. 선풍적인 인기를 끌었던 와인 만화 『신의 물방울』에 나오는 식의 화려한 묘사는 메모용으로 쓰는 테이스팅 노트에는 좀 과하지만, 홍보 목적이나 때로 정말로 마음에 드는 술을 만나서 경의를 표하기 위해서라면 그렇게 섬세하게 써도 좋을 것이다.

유통, 어떻게든 방법은 있다

생주는 살아 있기 때문에 오늘이 다르고 내일이 다르다. 효모와 다른 균들이 살아 있는 술인 생주는 병입 후에도 이 균들이 활동하면서 후발효가 일어난다. 너무 덥거나 혹은 운반 중에 심하게 흔들리기만 해도 술의 상태가 상당히 나빠진다. 이런 과정을 겪은 술은 하루 이틀 안정화를 해야 술맛이 돌아온다. 그래서 유통이 어렵고,

따라서 상품화되기가 쉽지 않다. 대부분의 술이 맛도 없고 효능도 떨어지는 살균의 과정을 거치는 이유는 오로지 하나다. 어떻게든 유통을 시키기 위해서다.

병입에서부터 소비자에 이르기까지 과정을 통제하기 위한 방법으로 저온유통 방식이 있다. 이 콜드체인(cold chain) 유통은 기술적으로야 어려울 것이 없지만 상당한 비용이 발생한다. 1980년대 이전에는 인프라가 부족했기 때문에 생주를 유통하는 것에 어려움이 있었다. 하지만 이제 전국으로 냉장차가 다니고 가정이든 판매처든 냉장고가 없는 곳이 없다. 꼭 콜드체인이 아니더라도 24시간 내에 전국 대부분으로 택배가 배송되는 인프라가 있으니 아이스박스에 아이스팩을 넉넉히 채우면 그런대로 준수한 상태로 운송할 수 있다. 사실 비용을 지불할 의사만 있으면 대양 건너라도 콜드체인 유통이 가능하다. 바닷가재가 살아서 바다를 건너는 세상이다. 이런 인프라를 활용하지 못하는 것은 아직 시장이 미숙하다는 방증이다.

한동안은 돈을 들여서라도 인프라를 써서 제대로 배송할 생각은 않고 제조업체에 가서 살균주를 만들어달라고 하는 수출업자들이 제법 많았는데, 맛을 죽인 술을 외국에 가져다 팔려니 술맛도 별로이거니와 변변한 마케팅도 없어 팔릴 리가 없지 않겠나. 결국 잠깐 입점되어 선을 보였다가 지금은 거의 퇴출되어버렸다. 이 업자들을 믿고 고가의 살균장비(라고는 하지만 사실 양조장들이 영세해서 그렇지 절대적 기준으로 보면 별로 비싸지도, 좋지도 않은 장비들이다)를 들여놨다가 쓸 일이 없어진 양조장들이 몇 있다.

혹시 이 글을 보는 양조장 사장님이 계시면 유통업자들의 감언이설에 넘어가지 말고 그냥 생주를 잘 만들라고 말씀드리고 싶다. 내 마음 급하다고 고객이 지갑을 열지 않는다. 한주의 특징이자 장점을 살려서 착실히 단계를 밟아나가는 것이 장기적으로는 훨씬 이익이다. 어차피 대형마트 같은 곳에서 받아준다고 해도 대부분의 프리미엄 한주 양조장은 기본 물량도 못 맞출 테니 큰 유통점 걱정은 좀 나중으로 미뤄두어도 괜찮지 않을까 싶다.

유통의 어려움을 극복하기 위해서 살균을 하는 것은 자본주의 현대문명의 특징이다. 단호하게 말하자면 살균주는 유통 자본가의 입맛, 이윤을 향한 입맛에 맞게 만들어지는 것일 뿐 생산자나 소비자를 위한 변화는 아니다. 이제 유통보다는 생산자와 소비자, 또 그 중간에 있는 여러 사람들의 공통의 행복 그리고 환경과 미래를 생각하는 식품 산업이 발달할 때가 되었다. 먹거리가 오로지 돈벌이의 관점에서 해석되기 때문에 자연환경 파괴, 노동착취, 공장식 축산, 과도한 식품첨가물 등의 문제가 생겨나는 것이다. 살균하지 않는다는 것은 산업혁명 이래로 이어져온 먹거리 체계에 대한 도전이자 혁명이기도 하다. 바로 그 새로운 산업, 새로운 도전을 이끌어가는 선두주자가 한주다.

자, 이제 본격적으로 한주를 만나볼 시간이다. 첫번째 목적지는 강원도 홍천이다.

홍천,
한주의 수도

홍천에 양조장이 모이는 이유

이 여정의 시작은 강원도 홍천이다. 홍천은 한주 산업의 입장에서 볼 때 특별한 곳이다. 강원도에는 양조장이 많다. 홍천 외에도 시군마다 대중적인 막걸리 양조장들이 성업하고 있기도 하다. 대표적으로 횡성의 국순당은 규모로 보나 뭐로 보나 중요한 양조장인 것은 더 말할 나위가 없다. 강원도 지역은 인구당 주류제조면허 등록수가 단연 전국 으뜸이고, 그중에서도 프리미엄 한주 양조장이 무척 많다. 이런 강원도에서도 프리미엄 한주 양조장은 상당수가 홍천에 몰려 있다. 산 좋고 물 좋은 자연환경과도 무관하지 않고, 수도권과 가까운 것도 장점이다. 그렇기 때문에 강원도에서도 홍천이 주류 제조업이 가장 발달한 곳이라 할 수 있다.

홍천은 한주 양조장 외에도 동양 최대의 맥주 공장이라는 하이트진로 강원공장도 있고, 같은 그룹의 수출용 탁약주 제조업체인 진로양조도 있으며, 수제맥주를 생산하는 몇곳의 양조장들에 제공하는 홉을 재배하는 용오름 맥주마을도 있다. 여기에 일반 막걸리 양조장을 합하면 열군데가 넘는 양조장이 홍천군 한곳에 집중되어 있다. 아, 샤또나드리(Chateau Nadri) 와이너리도 있다. 강원도는 와인을 생산하기에는 추운 지역인데도 홍천에서 손수 재배한 포도로 너브내와인을 생산한다. 이만하면 가히 한국 최고, 최대의 술의 고장이라 할 만하다. 그리고 이 책에서 소개할 새로운 한주 산업의 초점인 독립적인 신생 양조장들이 특히 홍천에 집중되어 있다.

홍천에 양조장이 집중되어 있다는 얘기를 하면 열에 아홉은 홍천의 물이 좋으냐고 묻는다. 그야 물론 당연하다. 하지만 강원도 시골에 물 좋고 공기 좋은 곳이 어디 홍천뿐이랴. 하다못해 춘천이나 원주 같은 도회지에 가도 시가지만 벗어나면 물 맑고 공기 좋은 곳은 얼마든지 있다. 인제, 양구, 화천, 이런 곳들 모두 물이 맑고 좋기는 매일반이다.

그중에서도 홍천이 물과 관련해 자랑할 것이 있다면, '나가는 물은 있어도 들어가는 물은 없다'는 점이다. 홍천 최동단인 내면을 기준으로 물은 서나 동으로 흐르는데, 거꾸로 말하면 더 동쪽의 양양이나 속초, 고성에서 들어오는 물도 없고 그렇다고 서에서 동으로 물이 거슬러 오지도 않는다. 홍천 동쪽이 백두대간 큰 산들이라 여기를 기점으로 물이 나뉘는 것이다. 큰 물가에서 부가 생겨나고 모인다는 풍수지리 관점에서 보면 가난한 벽촌을 벗어날 수 없는 운명이겠지만, 술을 주업으로 삼는다면 얘기가 달라진다. 바로 여기가 양조업계의 십승지(十勝地)요, 천왕봉이다.

홍천은 수질이 좋은 것에 더하여 수량이 풍부한 것도 강점이다. 2017년 봄은 전국적으로 기록적인 가뭄이 이어지며 지역마다 단수나 제한 급수를 하는 곳들이 많았다. 봄철 농업용수 부족 문제는 텔레비전에 나올 만한 뉴스거리가 안 돼서 그렇지 물이 귀한 곳에서는 일상다반사다. 한 해 농사가 봄 가뭄에 결정될 수도 있어서 이웃끼리라도 인심이 제법 사나워진다. 라이벌(rival)이란 같은 강물을 마시는 사람이라고 하지 않던가. 그런 와중에도 홍천 지역은 농가끼리 큰 다툼 없이 물을 나눠 쓰면서 잘 지나갔다. 워낙 가뭄이 심했던 터라 가뭄 막바지에 작은 마찰이 생기자 '살다보니 이런 일도 다 본다'는 것이 촌로들의 평일 정도였다. 그만큼 홍천은 가뭄과는 별로 연관이 없는, 물이 풍부한 고장이다.

물이 좋고 수량이 풍부한 것 외에 어쩌면 좀더 중요한 이유가 있다. 이는 홍천이 대한민국 귀농귀촌의 일번지가 된 이유와도 통한다. 홍천군은 공식적으로 귀농귀촌 특구이기도 하고, 홍천으로 오는 귀농귀촌 인구가 매년 천여명에 이른다. 그렇다면 홍천에 사람이 몰리는 이유는 무엇일까? 서울 수도권과의 거리-시간-땅값을 계산해보면 가성비가 가장 극대화되는 지역이 바로 홍천이다.

농촌에서 양조장 창업을 계획하는 사람들은 대개 은퇴 후 인생 2막을 이것으로 꾸려보려는 연령대의 사람들이 많다. 은퇴 전에 나름 일찍 결단을 내린 경우도 있지만 20, 30대 청년층은 아직 거의 없다. 농촌 지역에는 일자리가 별로 없기 때문에 역설적으로 자기 땅이든 돈이든 자본이 있어야 생활이 가능하다. 물론 일손이 부족한 농촌의 현실을 감안하면 농업노동자로 사는 것도 불가능하지는 않겠지만 계절도 많이 타고 무엇보다 몸이 너무 힘들어서 농사일에 숙달이 안 된 사람은 버티기 힘들다.

특히 양조장은 시설 투자가 필요한 일이라 젊은이들에게는 진입장벽이 꽤 높은 편이다. 양조장은 자본이 어느 정도 확보된 중년 이후의 사업 아이템이라고 할 수 있다. 은퇴자 혹은 예비 은퇴자 입장에서 보자면 원래의 생활터전이자 최대 시장인 수도권과의 시간적 거리, 그리고 투자비(핵심은 땅값)가 사업에서 고려해야 할 핵심 요소다. 거리가 가까운 경기도는 땅값이 너무 비싸고 강원도에서 홍천보다 더 먼 곳이나 고속도로가 개통되지 않은 곳은 땅값은 싸도 오가는 시간이 너무 오래 걸린다. 이 거리와 투자비의 함숫값이 최적화된 이상적인 지역이 바로 홍천이다.

자연조건이 갖춰지고 사람이 모인다. 자, 그럼 이제 무엇이 더 필요한가? 때를 기다리면 된다. 나는 홍천의 양조장과 사람들을 소개하면서 우리가 기다리는 때를 불러오고자 한다. 때는 저절로 오지 않는다. 맞을 준비가 된 사람들에게 오는 것이다. 한주가 좀 뜨니까 준비를 건너뛰려는 사람들이 있어 걱정이다. 천릿길을 가기 위해 보폭을 좀 크게 할 수는 있어도 한걸음이라도 빠뜨려서는 안 된다는 것을 명심하자.

홍천으로 가는 길

홍천군은 기초 지자체로서는 전국에서 면적이 가장 넓다. 제주도와 크기가 비슷하다. 서울양양고속도로가 뚫리면서 홍천이 가까워졌다고 하는데 물론 맞는 말이다. 하지만 고속도로와 얼마나 가까이 있느냐가 이동 시간에 엄청나게 중요한 역할을 한다. 참고로 서울에서는 마포구 망원역 부근에 기거하는 나로서는 차가 안 막히는 시간에도 동쪽으로 서울시 경계를 벗어나려면 최소 40분은 걸리고 차가 막히면 2시간 이상도 걸린다.

서울양양고속도로가 생기면서 기존의 홍천 IC와 동홍천 IC에 더해 내촌 IC가 생겼다. 서면 일부는 강촌 IC나 조양 IC에서, 내면 일부 지역은 인제 IC에서 접근하는 편이 빠르다. 서석면 등의 지역은 기존 영동고속도로 횡성 IC나 둔내 IC에서 접근하는 것이 더 빠른 곳도 있다. 잠실을 기준으로 홍천 읍내나 서면, 남면, 동면, 북방면(이상 서홍천)은 1시간 안팎, 동홍천 IC나 내촌 IC 부근의 화촌면, 내촌면은 30분 정도 더 잡아 1시간 30분 정도면 잠실에서 오가기에 충분하다. 여기서 더 동쪽으로 두촌면이나 서석면, 내면은 동홍천 IC에서 30분에서 1시간 정도를 더 가야 한다. 홍천군 내에서도 면에 따라 거리와 시간의 감각이 무척이나 다르다. 산속으로 조금 더 들어가면 이동 시간이 급격히 늘어난다. 구불구불한 산길을 돌아가려면 아무리 길에 익숙해도 시간이 단축되지 않는다. 같은 면내에서도 30분 길은 예사다. 여기에 눈이라도 오면…

물론 귀농이나 귀촌을 한 사람들이 사는 마을이나 양조장은 IC

에 붙어 있는 경우가 별로 없다. IC 부근은 아닌 곳에 비해 땅값이 많이 비싸기 때문이다. 양조장 창업은 다른 농업 창업과 비교하면 시설비는 더 드는 편이지만 지자체의 지원이 상대적으로 적어 자금에 민감할 수밖에 없다. 그래도 오가는 시간을 생각하면, 여유가 된다면 IC 부근에 정착하는 것을 권하고 싶다.

홍천뿐 아니라 시골 읍면 단위의 대중교통은 서울 살던 사람의 감각으로는 도저히 생활이 불가능하다고 느낄 정도다. 버스가 1시간에 한대만 다녀도 교통이 상당히 편리한 수준으로 치다보니 홍천 양조장들을 여행하려면 대중교통으로는 어림도 없다. 택시를 타고 관광을 할 수도 있지만 요금이 엄청날 것이다(그래서 나는 홍천군에 택시관광 상품을 개발하자고 제안하고 있다).

홍천을 여행하려면 결국 차가 필요하다. 하지만 특히나 양조장 투어를 한다면 술맛을 꼭 봐야 하므로 자차 이용은 권하지 않는다. 비용도 생각해야 하니 여러명이 한팀을 이뤄 한차로 이동하는 것이 좋다. 술은 마시지 않고 여정을 능숙하게 인도하면서 필요한 부분에서 설명과 조언을 할 수 있는 사람이 운전하는 차를 타면 가장 좋을 것이다.

여러 사람을 모아서 출발하려면 만남의 장소가 필요하다. 내가 제안하는 장소는 홍천시외버스터미널이다. 서울에서 대중교통을 이용해 홍천으로 오는 방법은 동서울터미널이나 남부터미널에서 시외버스를 타는 것이다. 동서울터미널에서 홍천시외버스터미널까지 꼭 1시간이 걸린다. 상봉터미널에도 차가 있기는 하지만 상봉터미널은 터미널 자체가 곧 재개발을 할 예정이라 운행 편수도 적고 완행으로 돌고 돌아 꼬박 2시간이 걸린다. 홍천시외버스터미널에 내리면 한 300미터 거리에 농협 파머스 마켓이 있다. 터미널 주변은 주차가 마땅치 않아서 농협 파머스 마켓 주차장을 주로 이용하기 때문에 만남의 장소로 제격이다. 떠나기 전에 필요한 물건이나 주전부리 거리를 장보기도 좋은 곳이다.

여기서 오전 10시에서 11시 사이 정도에 모여 바로 첫번째 양조장으로 출발한다.

1

미담양조장

온몸으로 빚는 술

미담양조장은 홍천의 프리미엄 한주 양조장 중 유일하게 홍천읍에 있다. 가장 서쪽, 서울과 가까운 쪽에 있다는 얘기도 된다(현재 서면에 양조장 한곳이 준비 중이기는 하다). 그래서 홍천 양조장 투어를 할 때는 보통 미담양조장을 시작으로 삼는다.

미담양조장은 처음에는 양평에 있었는데 홍천에 새로 자리를 잡았다. 프리미엄 한주 양조장이라면 어디를 막론하고 수제가 아닌 것이 없을 정도로 다들 온몸으로 술을 빚기는 하지만 여기는 진짜 환갑이 지난 할매 혼자서 전부 수작업으로 술을 빚는다. 기계라고 해봐야 고두밥(술밥)을 찌는 가스불과 온도, 습도가 조절되는 숙성고 정도다. 바퀴 달린 것으로는 술독을 나르는 카트 하나뿐이다. 그것 말고는 전부 아날로그라는 것이 이 집의 첫번째 특징이다.

두번째 특징은 1인 양조장이지만 아주 다채로운 술을 빚는다는 것이다. 정식으로 출시된 것만도 석탄주, 석탄주에 송홧가루가 들어간 송화주, 생강이 들어간 생강주, 연잎이 들어간 연엽주가 각각 청주와 탁주로 도합 여덟가지다.

석탄주는 현재 시장에 나온 많은 프리미엄 한주들이 기본으로 삼는 술 빚는 법이다. 삼키기가 아쉽도록 좋은 술이라 하여 석탄주(惜呑酒)라고 한다. 찹쌀이 많이 들어가고, 프리미엄주 중에서는 숙성기간이 짧은 편이라 상대적으로 단맛이 강하다. 여기에 산미와 다른 풍미를 어떻게 조절하느냐가 석탄주라는 틀에서 개성을 표현하는 기본적인 방법이 된다. 숙성과 후발효를 통해서 맛과 향을 더하는 것은 그 이후의 과제다.

연엽주는 기본적으로 산미가 있는 편인데 산미가 올라갈 때 흙냄새 비슷한 향이 같이 올라오는 경우가 많다. 이 경우 난이도는 극상이 된다. 난이도가 극상이라는 말은 보통은 컴플레인 대상이지만 마니아에게는 최고의 술이라는 얘기도 된다. 냄새가 강한 홍어나 치즈의 마니아들을 생각해보면 이해가 빠를 것이다. 어려운 발효취들이 그렇듯이 이 향을 못 잊는 사람들이 있다. 와인 용어 중에도 이런 흙이나 곰팡이 냄새를 표현하는 '어시'(earthy)라는 말이 있는데 역시 호오가 갈린다. 혹자는 쌉쌀하고 깊은 향에 열광하기도 하고 혹자는 화장실 냄새라고 표현하기도 하는, 독특한 품격과 망한 술의 경계가 아슬아슬한 향이다. 이 향을 즐기려면 조금 훈련이 필요해서 초심자들이 좋아하기는 쉽지 않다. 술꾼들 중에서는 단번에 여기에 매료되는 사람들도 많긴 하지만.

어떤 술을 만드느냐는 질문에
미담 선생은

"오미(五味)가 다 있고
향이 화려한 술"
이라고 답했다.

미담양조장의 생강주 역시 일품이다. 생강은 향이 강해서 술 담그기 쉽지 않은 재료다. 생강의 쏘는 맛과 술의 산미는 어울리기가 쉽지 않기도 하고, 생강은 다른 향들을 제압해버리는 강한 향신료이기 때문이다. 미담양조장의 생강주는 이 어려운 재료를 가지고 생강의 개성도 살리고 밸런스도 잘 유지하는 가작(佳作)이다.

최근 미담양조장의 플래그십 모델로 떠오르고 있는 술은 송화주인 것 같다. 홍천에 와서 놀란 것 중 하나가 봄날 산속에서 핸드폰 화면이 덮일 정도로 날리는 송홧가루였다. 서울 촌놈인 나는 처음에 이 산골에 무슨 황사가 이렇게 부나 했었다. 이 풍부한 송홧가루는 싸한 향이 있고 하한 느낌도 있어서 살짝 단맛이 도는 청주와 궁합이 좋다. 흔히 말하는 달콤쌉싸름한 맛의 궁합인데, 같은 달콤쌉싸름이라도 예를 들어 초콜릿과 위스키와는 다른 식의 궁합이 청주와 송홧가루다. 송홧가루를 먹어본 사람은 별로 없을 것이고 있어야 다식 정도일 것이다. 품은 많이 들고 가격도 비싼데 맛은 텁텁한 송홧가루 다식을 나는 별로 안 좋아하는데, 송화주의 경우는 다식의 텁텁함 대신 적당히 달고 구조가 확실한 술이 미려하게 송홧가루의 향을 운반해준다. 참고로 미담양조장의 송화주에 쓰는 송홧가루는 홍천 것이 아니라 중국 동북지방이나 내몽고 지역 것을 쓴다. 송홧가루는 자연산을 손으로 채취하기 때문에 국산은 상품화된 것이 거의 없다고 봐도 좋다.

실험정신이 강한 미담 선생은 별의별 것으로 다 술을 빚어본다. 생강주도 그런 실험의 결과로 탄생한 술이다. 가끔 가면 홍시주나 알밤주, 감자술 등 여러가지 술을 맛을 보라고 주곤 한다. 이 이야기를 듣고 가서 조르지는 마시라. 늘 술이 있는 것도 아니지만 있어도 아무에게나 주지 않는다. 이런 술들을 맛볼 수 있는 기회는 발품 파는 보상이며 업자의 특권이기도 하다. 양조장 주인과 안면이 있는 가이드와 동행하면 바로 이럴 때 도움이 된다. 이렇게 다양한 술을 마셔볼 수 있는 시음 코스에 미담 선생의 열정 넘치는 설명이 곁들여진다. 약간의 알코올에 미담 선생의 열정이 더해져 양조장 투어가 충전되는 느낌이 들 것이다. 다만 근래에는 파는 술 빚기도 힘이 부치시는지 실험주가 줄어서 좀 섭섭하기는 하다. 술이 많이 나간다는 얘기니 사실은 기뻐해야 할 일이기는 하지만도.

양평 시절의 기억

미담양조장을 처음 찾아갔을 때는 양평에 있었다. 2012년 가을로 기억한다. 요즘은 서울 압구정에서 백곰막걸리&양조장을 경영하는, 당시에는 한량이던(부럽!) 이승훈 대표가 사람들을 모아서 미담양조장 방문 기회를 마련했다. 업자라면 놓칠 수 없는 자리였기에 나도 당연히 동행했다.

당시 미담양조장은 친척이 운영하는 캠핑장의 한구석 부속건물을 빌려서 양조장을 꾸렸다. 내가 갔을 때는 온 산이 단풍으로 물든 가을이었는데, 이 아름다운 계절 말고는 손님 맞을 준비랄 게 아무것도 되어 있지 않은 곳이었다. 양조장 사무실이라고 부르기도 뭣

한 구석방의 바닥에 10여명이 둘러앉아 이것저것 술맛을 보았다.

우리에게 내주신 술은 페트병에 담은 것도 있고 유리병에 담은 제품도 있었다. 페트병에 든 것은 대개 실험주였던 것 같다. 제품뿐 아니라 미담 선생이 실험용으로 만든 다양한 술을 고루 맛보았다. 좋은 술은 정말 기가 막히게 좋았다. 당시 서울 마포구 합정동에서 프리미엄 한주 전문점인 세발자전거를 운영하고 있던 차라 당연히 여기와 거래를 좀 터볼까 싶었다. 하지만 술값은 다른 곳들보다 비싸고, 품질은 편차가 있는 편이었다. 솔직히 그 편차는 비싼 술값을 정당화하지 못할 정도였다. 좋을 때야 그 가격이 문제가 없지만 안 좋을 때는 당장 컴플레인 응대를 해야 할 내 입장에서는 자신이 안 섰다.

어떻게 해야 할까 고민하다가 그래도 욕심이 나서 수를 냈다. 내가 직접 양평까지 가서 독마다 테이스팅을 해 가장 좋은 것으로 골라오는 방법이었다. 몇개의 독을 시음해보고 '이 독과 이 독의 것을 주세요' 하는 식으로 현장에서 병입(甁入)해왔다. 미담양조장에서 가져온 술은 세발자전거에서 파는 청주와 탁주 중 가장 비싼 가격이었지만 가장 잘 팔렸다. 그 가격에 합당한 수준의 술만 골라왔기 때문이다. 내가 미처 계산하지 못한 것은 인건비였다. 기존의 청주 가격대가 있으니 그것보다 훌쩍 비싸게 팔 수는 없었다. 최대한 비싸게 받아봐야 평균적인 마진에다가 양평까지 오가는 기름값, 밥값 정도나 건지는 수준이었다. 고가주가 많이 나온 지금과는 다른 시절이다. 청주 한병에 매장 판매가 6~7만원이면 당시로는 단연 최고

가였다. 지금 생각해보니 진짜 바보 같은 짓이었는데, 역시 이 정도 술이라면 좀더 받아도 좋았을지 모르겠다.

결국 문제가 생기기 시작했다. 미담양조장의 술이 생각보다 잘 나가서 청주, 탁주를 10병씩 들고 와도 2주 남짓 지나면 다시 가야 했는데, 매번 딱 맞춰 시간을 내기가 쉽지 않았다. 그렇다고 한번 갔을 때 술을 더 많이 사오기에는 가게 냉장고 공간의 한계가 있었다. 술값이 비싼 만큼 판매를 할 때도 내가 직접 가게를 지키고 있지 않으면 판매율이 뚝 떨어졌다. 직원들이야 내가 느꼈던 감동도 경험해보지 못했고, 술을 팔겠다는 의지도 사장보다는 떨어지니 어쩔 수 없는 일이었다. 그렇다고 직원 시음용으로 매번 한병씩을 개봉하자니 '심심하면 서비스'라는 사훈을 가진 세발자전거로서도 술값이 부담이 되었다. 결론은 프라이싱(pricing)에 실패했다는 얘기다.

다섯가지 맛과 화려한 향이 다 살아 있는

미담양조장 술을 판매하는 것에 조금은 부담을 느끼고 발길이 뜸해진 상태에서 결국 세발자전거를 접게 되었다. 그러면서 미담양조장과의 거래도 끊어졌다. 바보 장사꾼이었지만 나름 전문성과 발품으로 좋은 상품을 발굴해서 팔았다는 자부심은 남았다. 서울의 세발자전거를 접었다고 업계를 떠난 것은 아니었다(그렇게 보였겠지만). 그후에도 꾸준히 한주에 관심을 가지고 블로그 포스팅이며 기고며 이벤트며 여러가지 활동을 하고 있었고, 미담양조장이 홍천으로 옮겼다는 얘기도 들어 알고 있었다. 그러다 이번에는 내가 홍천으로 터전을 옮기게 되었다. 우연한 재회같이 말하지만 사실 홍천에 가게 된 것 자체가 미담양조장을 비롯한 프리미엄 한주 양조장들이 많아서였으니 필연에 가까운 만남이라고 할 수 있다.

사실 나는 귀농과 귀촌, 특히 홍천에서 한주 사업화를 이루는 것에 관심이 많아서 교육도 받고 차근차근 계획을 세워 준비를 하고 있었다. 2016년에 홍천군에서 개최하는 귀농귀촌자 합숙교육에 참가했던 것이 미담양조장과의 재회의 계기가 되었다. 하루의 고된(?) 교육을 마치고 나면 술자리가 생기게 마련이다. 평균 50대 이상의 한국인들이 모인 자리니 보통은 소주, 맥주, 막걸리 술판이다. 나는 술은 좋아해도 이런 술판은 고역이라 사람들에게 홍천에 진짜 좋은 술이 있다고 이야기해서 술추렴을 했다. 20명쯤 되는 사람들이 만원씩 걷어서 돈을 마련하니 비싼 술이지만 제법 마실 만한 양의 술을 살 돈이 모였다. 저녁 식사를 마친 후 해가 진 시간에 미담양조장에 가서 술을 받아왔는데 이때가 거의 1년 만의 재회였다. 술 마시러 가야 하니 긴 이야기는 할 수 없어 앞으로 홍천에 오게 될 것 같다는 내 소식만 전하고 미담 선생 얘기는 제대로 듣지도 못했다. 그때가 미담양조장이 홍천으로 옮긴 후 첫 방문이었다. 홍천에서 농가를 한채 임대해서 양조장을 운영하는데, 규모로만 보면 양평 시절보다도 더 작은 듯했다. 자세한 이야기는 듣지 못했지만 수월치 않은 사정이 있었을 것 같다는 짐작은 했다.

미담양조장의 여러가지 술을 종류별로 받아와서 교육생들이 나눠 마셨는데 평이 좋은 것이야 물론 말할 것도 없었다. 생전 처음 마셔보는 프리미엄 한주에 다들 감탄과 흥이 난무해서 부족한 주량은 예의 소주와 맥주로 채우고 늦게야 잠들었다(물론 나 말고 다른 사람들 얘기다). 잠자리가 낯설기도 하고 일찍 일어나시는 분들이 많아서 다음 날에도 모두 일찍들 일어났다. 아침에 눈을 뜬 교육생들은 술의 뒤끝이 깨끗하다며 칭찬을 아끼지 않았다. 이 자리에서 벌써 프리미엄 한주를 맛본 뒤 돌아올 수 없는 강을 건넌 사람이 몇몇은 생긴 것 같으니 모름지기 업자는 이런 보람에 사는 것이다.

홍천으로 오고 나서 미담양조장의 스타일과 철학도 좀더 정리가 된 느낌이다. 어떤 술을 만드느냐는 질문에 미담 선생은 "오미(五味)가 다 있고 향이 화려한 술"이라고 답했다. 그 말을 머릿속에 새기며 가만히 송화주나 연엽주를 한잔 머금고 굴려보면 미담 선생이 얘기하는 오미를 다 찾을 수 있다. 감칠맛까지 육미(六味)를 찾을 수 있다고 해도 좋겠다. 술의 향과 송홧가루나 연잎 같은 가향재의 향이 어우러지면서 때론 쓸쓸한 가을 저녁에 환하게 빛나는 석양 이미지가 떠오르기도 하고, 덥고 습한 여름날의 한줄기 바람이 생각나기도 한다. 그 느낌이야 각자의 상상과 표현의 몫이지만 어떤 공감각의 연상을 불러일으키는 힘이 있는 것이 미담양조장 술들의 특징인 것만은 분명하다.

이렇게 화려하고 깊은 향의 비밀은 숙성이다. 술의 향은 도예의 '요변(窯變)'과도 같아서 빚는 사람이 미리 계획하고 만드는 부분 이상으로 세월과 환경이 흔들고 덧칠하는 부분이 크다. 미담양조장은 술을 내릴 때 필터를 사용하지 않는다. 자연스럽게 앙금이 가라앉을 때까지 기다리는 시간만 보통 두달이 걸린다. 전체적으로는 6개월 이상의 숙성 시간이 걸리는데, 이것은 통상 3~5일이면 출시하는 대중적인 막걸리는 물론이고 여타의 프리미엄 한주를 기준으로 봐도 상당히 긴 시간이다. 충분한 숙성 기간이 술의 깊이를 만들어준다.

아쉽다면 아쉬운 것은 이 술도 몇년 정도 숙성을 시켜서 마셔보았으면 하는 것이다.

'일당' 말고 '술당'

미담양조장에서는 술 거르기 체험도 할 수 있다. 이때는 '일당' 대신 '술당'이 넉넉하게 나온다. 보통 체험이란 돈을 내고 하는 것이지만 미담양조장의 술 거르기 체험은 무료에다가 비싼 술도 준다. 술 거르기도 일이라 사람을 쓰자면 인건비가 만만치 않은데 체험 삼아 술을 거르면 일손을 덜어주니까 갓 거른 술이며 숙성고의 술을 인심 좋게 제공한다. 술 거르는 체험은 술 익는 때를 맞춰야 한다. 양조장의 사정에 따라 그때그때 다른 데다가 아무나 불쑥 하겠다고 시켜주는 것도 아니다(역시 관계가 좋은 가이드의 도움이 필요하다).

미담양조장의 술은 모두 독에다가 담근다. 이 독을 바퀴가 달린 트레이에 실어서 양조장의 홀로 모은다. 그러고는 커다란 스테인리스 '다라이'에 나무 거치대를 놓고, 거기에 다시 고운 베 혹은 면으로 만든 큰 주머니를 올린다. 독에 든 술을 이 주머니로 적당량을 옮

미담양조장의 술 거르기 체험에서는
'일당' 대신 '술당'을
넉넉하게 받을 수 있다.

겨 담아가면서 술을 짜내는데, 처음에는 술이 많아서 슬슬 흔들고 어르기만 해도 술이 잘 흘러나오지만 어느 정도 술이 나오면 그 다음에는 힘을 주어 비틀어 짜야 한다. 이때 마지막 한방울까지 다 짜겠다는 결의가 중요한 것은 물론이다. 사람들에게 이 좋은 술을 조금이라도 더 받아야겠다는 결의를 북돋우기 위해서 술을 주시는 게 아닐까 한다. 여럿이 술도 한잔하고 일을 하다보면 자연 왁자지껄 떠들며 분위기가 오르게 마련이다. 나는 처음에 술 거르는 동작을 아이 간지럽히듯이, 베주머니 좌우에 손을 놓고 살살 흔들라고 하는데 입담 좋은 미담 선생은 "이쁜 마누라 젖통 주무르듯이" 등의 표현을 구사하시며 흥을 돋우신다.

이렇게 술을 다 거르고 나면 지게미는 따로 분리해서 모으고 술은 다시 술독에 넣어 숙성고로 옮긴다. 이 과정이 노인 혼자 하려면 엄청난 일이지만 몇명이 같이 수다도 떨고 농담도 해가며 하다보면 너무나 즐거운 한때가 휙 하고 지나가는 느낌이다.

술당으로 나오는 술은 이미 걸러서 받아놓은 술이지만 이 술 외에도 갓 받은 진한 원주를 마셔볼 기회도 된다. 두부도, 치즈도, 술도 마찬가지다. 오랜 숙성이 주는 깊은 맛도 있지만 막 세상에 나와서 첫 호흡을 하는 몇분 동안의 맛은 정말 특별하고 이 순간이 지나면 돌아오지 않는다. 그래서 술 거르기는 꼭 추천하고 싶은 경험이다.

내가 아는 사람들은 때때로 술 거르기를 하러 미담양조장을 찾아온다. 한주 전도사이자 연세대의 한국문학 교수인 존 프랭클 교수팀, 합정동 한주 전문점 '술그리다'의 김지윤 대표팀, 주한 외국인들의 동호회인 막걸리 마마스&파파스팀 등 부러 만나자면 바쁜 사람들인데 여기서 조우한 경우도 여러번이었다.

미담 선생은 농업기술센터 등에서 귀농귀촌자 멘토로 술 빚기 교육도 하고 있어 홍천에는 선생의 제자가 이미 여럿이다. 인원이 적당히 맞춰지면 미리 예약하고 가서 술 빚기 체험을 해볼 수 있다. 한주의 역사와 특징에 대한 열혈 강의를 들을 수 있는 것은 덤이다.

미담양조장은 2020년에 다시 홍천군 남면으로 이전할 예정이다. 남면으로 가면 서울과의 거리는 더 가까워진다. 양조장이 장소를 이전하면 미생물 생태계가 다시 자리를 잡아야 한다. 그래서 안정적인 술이 나오려면 시간이 조금 걸리겠지만, 그럴수록 찾아가서 발품 파는 재미는 있을 것이다. 양조장만 하는 것이 아니라 주막도 운영하고 신나는 놀이판도 펼친다고 한다. 미담 선생은 서울 동작구 사당동에서 '미담'이라는 이름의 술집도 경영했었고, 전을 소리를 들어가면서 부친다는 경지의 요리 고수이기도 하다. 이제까지와는 다른 양조장 체험이 펼쳐질 것이라 기대가 만만하다.

미담양조장
강원도 홍천군 홍천읍 태학여내길 75-15
010-3242-3839

미담양조장 테이스팅 노트

석탄주 청주

삼키기가 아쉽다는 석탄주. 적당히 단맛에 감칠맛이 어우러지는 표준적인 석탄주 스타일이다. 미담양조장의 술들을 깊이 이해하려면 일단 이 석탄주 맛을 보고 그것을 어떻게 변주하는지 들여다보는 것이 좋은 방법이다.

산미 | 중 감미 | 중 감칠맛 | 중상 점도 | 중
도수 | 청주 16%, 탁주 12%

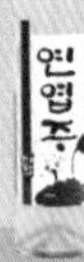

연엽주 청주

연엽주는 사실 맛을 특정하기 어렵다. 기본적으로 산미가 있는 편이나 미담의 연엽주는 오미를 추구하는 성향상 단맛도 있는데 편차가 있는 편이다. 상태가 좀더 일반적일 때에는 연잎 특유의 서늘한 향이 느껴지고 산미가 이끄는 청주가 된다. 이 서늘한 향은 송화주의 싸한 향과는 또다른 씁쓸한 향의 변주. 이 소나무와 연의 차이를 음미해보는 시음도 자미(滋味)가 무궁하다. 드라이한 술 취향의 애주가들이 좋아할 스타일이다.

산미 | 중상 감미 | 중하 감칠맛 | 중 점도 | 중
도수 | 청주 16%, 탁주 12%

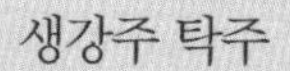

생강주 탁주

감미가 기본이지만 약간 시큼한 힌트도 있어서 생강청으로 술 담근 듯한 지루함이 없다. 생강향이 피니시를 주도하지만 은근한 곡물의 감칠맛도 겹쳐서 다른 술에서는 맛보기 힘든 향의 조합을 만들어낸다. 세상 다른 술에서는 상상하기 힘든 맛과 향이다.

산미 | 중　감미 | 중　감칠맛 | 중하　점도 | 중
도수 | 청주 16%, 탁주 12%

송화주 청주

무게감과 점도가 어딘가 든든한 느낌을 주는 청주면서 세련된 씁쓸함이 있다. 깊이와 힘이 있어서 남성적인가 하면 또 그 세련된 씁쓸함과 단맛은 여성적인 섬세함을 연상시키기도 한다. 어딘가 강원도 같은 느낌도 연상시킨다. 송홧가루 날리는 봄날의 강원도 산속에 있어본 사람이라면 말이다.

산미 | 중　감미 | 중　감칠맛 | 중상　점도 | 중
도수 | 청주 16%, 탁주 12%

2

예술양온소

이름만큼 아름다운

두번째 양조장으로는 서울 기준으로 가장 멀고 깊은 곳으로 가보자. 서울을 기준으로 보면 더 먼 곳이지만 이곳은 고속도로와 가깝다. 앞에서도 말했지만 홍천군은 꽤나 넓어서 군 끝에서 끝까지 가려면 고속도로를 이용해도 2시간이 걸린다. 그것도 눈이 안 왔을 때를 기준으로 하는 얘기다. 설마 싶을지 몰라도 전혀 과장이 아니다. 예술양온소는 내촌 IC에서 차로 10분 정도 거리에 있다. 물리적으로는 대략 홍천군의 중간 지점에 해당한다. 서울에서는 고속도로를 타면 2시간이 채 안 걸리는 정도의 거리인데, 바로 옆의 서석면에서 가면 차로 40분은 걸린다.

예술양온소는 한국에 있는 한주 양조장 중에서도 손에 꼽게 아름다운 곳이다. 전국의 한주 양조장을 100곳 넘게 가본 사람이 하는 얘기니 믿어도 좋다. 동창리 복골 안쪽에 정성 들여 지은 건물들이

예술은 몇년 후에는
또 얼마나 아름답게 변해 있을지
기대하게 하는 양조장이다.

며 해마다 아름다워지고 풍성해지는 정원들은 물론이고, 여름이면 길 건너 흐르는 개울물 소리를 들으며 야외에서 술을 마시는 정취가 기가 막히다. 그 와중에도 가꾸기를 멈추지 않아서 계속 조금씩 조금씩, 하나하나 바뀌어가는 모습이 몇년 후에는 또 어떻게 변해 있을지 기대하게 한다.

예술양온소는 보기에 아름다운 것뿐 아니라 체험시설이며 교육 프로그램, 숙박시설까지 완벽하게 갖추어져 있다. 술과 양조장에 관심 있는 사람이라면 시음이든 교육이든 체험이든 누구에게라도 추천하기에 좋은 곳이다. 나도 세발자전거 시절 매해 직원 워크숍을 이리로 왔다. 직원 교육과 친목을 동시에 잡을 수 있는 최적의 장소였기 때문이다. 꼭 그런 목적이 아니라도 평일에 와서 하루 이틀 묵으며 조용히 술이나 마시고 쉬어가기에도 그만인 곳이다.

양조장이 아닌 양온소

예술은 양조장이 아니라 양온소(釀醞所)라고 한다. 양온소란 고려시대에 궁중의 술을 빚었다는 기관인 양온서(釀醞署)에서 따온 이름이다. 이곳의 주인장은 정회철, 조인숙 부부다. 홍천에 오기 전에 남자는 헌법학자이자 변호사였고, 여자는 남자의 책을 펴내는 출판사 대표였다. 정회철 변호사는 사법고시를 준비했거나 로스쿨에서 공부를 하는 사람들이라면 그 이름을 모르는 사람이 없을 정도로 헌법학 분야의 베스트셀러 저자이자 인기 강사였고 로스쿨 교수도 지냈다. 책 팔아 돈 버는 드문 분야가 교과서다. 일반 단행본과는 시장 규모가 다르다. 책의 인세야 비율로는 쥐꼬리만 하지만 출판사를 직영하게 되면 이야기가 달라진다. 게다가 스타 강사는 강의료 수입도 엄청나니까 자연 돈도 많이 벌었다. 어느 정도 성공한 인생이 되었다 싶은 시점이었다.

어느 날 번아웃이 찾아왔다. 책을 읽고 글을 쓰는 것이 직업인 사람인데 책을 좀 들여다보고 있으면 머리가 아프고 집중이 안 되어 휴직을 할 수밖에 없는 정도였다고 한다. 도리 없이, 또 한편으로는 잘되었다 싶은 마음으로 휴직을 했다. 그러고는 좋아하는 술 빚기와 목공을 배웠다. 잘나가는 변호사이자 베스트셀러 수험서의 저자라는 인생을 접기에는 아직 젊었기 때문에 갑자기 다른 업을 택하려는 요량은 아니었다. 안식년 같은 느낌으로, 건강도 돌보며 쉬엄쉬엄 좋아하는 일을 하자는 정도의 생각이었다. 그런데 하다보니 술의 매력에 점점 빠져들었다. 변호사는 겸업이 안 되니 아예 변호사 휴직계를 내고 양조장을 차렸다. 예술양온소에서 처음 만든 술은 '만강에 비친 달'이라는 탁주와 '동몽'이라는 청주다. 술도 잘 나오고, 변호사 출신이라는 이력의 화제성도 있어서 그래도 다른 곳에 비하면 빨리 자리를 잡은 편이다. '그래도 다른 곳에 비해서' 그렇다는 것이지 과정이 쉽지는 않았다.

여러 신생 양조장과 거래한 경험으로 볼 때 술맛이 안정화되려면 평균 2년 정도가 걸린다. 예술양온소도 처음에는 악전고투의 연속이었다. 제조 과정에 이런저런 문제가 생기면 생산을 중단하고 답을 구했다. 몇달이나 생산을 중단한 적도 있다. 사서 쓰던 누룩에 문제가 생겨서였다. 결국 누룩을 직접 띄우기로 했다. 그 바람에 새 누룩을 술 빚기에 적용하느라 또 몇달을 쉬었다. 최근에는 인터넷 판매가 늘어나 생산 시스템을 개선하기 위해서 다시 반년 이상을 쉬었다. 그렇게 열심히 하다보면 어려워도 답이 구해졌다. 될 때까지 여러번 실험하고 수정했다. 지금은 독특한 풍격의 자체 생산 누룩으로 안정적으로 술을 만들고 있다.

예술양온소의 술

예술양온소의 술은 매우 다양한 편이다. 우선 청주로 '동몽'이 있다. 같은 꿈을 꾼다는 동몽(同夢), 함께 어우러지는 술자리 또 그런 세상에 대한 희망을 담은 이름이다. 동몽은 찹쌀술에 단호박이 들어간 청주다. 필연적으로 단맛이 이끌지만 예술 특유의 향나무 같은 누룩향이 어우러져서 품위 있는 입체감이 형성된다. 달되 씁쓸하고 중후한 무게감까지 느껴지는 동몽은 정말로 매력적인 청주다. 업계에 많이 나오는 석탄주 베이스의 청주들과는 명확한 차별점이 있는 술이다.

보통의 청주도 술이 잘 익으면 호박(琥珀)색을 띠게 마련이다. 하지만 여기에 단호박 색까지 어우러진 동몽은 약간 더 짙고 붉은 기가 은은하게 비쳐서 유리잔에 담아 들여다보고 있으면 만년에 이른 좋은 화이트와인의 색을 보는 것 같다.

탁주로는 '만강에 비친 달'을 만든다. 세상에는 지위고하가 있고 빈부귀천이 있지만 달은 천강에 평등하게 비춰준다. 『월인천강지곡』에 나오는 이야기다. '만강에 비친 달'은 천강(千江)이 아니라 만강(萬江)에 비치는 달, 동몽과 같이 평등한 세상에 대한 꿈이 담겨 있다. '만강에 비친 달' 역시 단호박 색이 반영되어 노오란, 참으로 아름다운 빛깔의 술이다. 청주 동몽은 붉은 기가 비쳐 신비감을 주었다면 탁주 '만강에 비친 달'은 노란색이 강조되어 부드럽고 따뜻한 느낌이다. 이런 술은 백자 잔에 담아서 색을 음미하기에도 그만이다. 달큰하면서도 녹진한 그 맛, 달고 부드러운 탁주의 클래식이라고 할 만하다. 향나무 향이 은은하게 어우러져 달지만 단조롭지 않다.

지은 바가 없다는 뜻의 '무작(無作)'은 삼양주 동몽을 증류해서 만드는 고급 소주다. 고급이라지만 아직까지는 잠재력이 완전히 피어난 것은 아니다. 최소 3년, 아마도 10년 이상은 되어야 그 잠재력이 확인될 듯하다. 현재로서는 좋은 기주를 썼다는 것이 큰 차이를 만들어내고 있지는 않은 상태다. 아무리 잡으려고 애를 쓰고 욕심을 부려도 세월은 흘러간다. 좋은 술은 애쓰지 않고도 그렇게 세월이 흘러서 비로소 스스로를 증명한다. '무작'의 시대는 아직 한참 남았다. 지금은 그 시대를 상상하며 마시는 재미다. 술을 증류해서 숙성실 독에 소중히 저장해두면 이제는 뭔가 하지 않아도 세월이 필요한 것들을 더해줄 것이다. '무작'이라는 이름은 필연적으로 세월을 기다린다.

예술양온소의 숙성고에는 출시 초기의 '무작'이 있다. 어느 날 한 잔을 얻어 마셔봤는데, 이건 나만 알고 있으려 한다. 무작의 세월을 기다려야 할 날들이 아직 많이 남아 있기에 굳이 입방정을 떨지 않으려는 것도 있고, 혼자만 알고 있는 비밀로 남겨두고 싶은 마음도 있어서 그렇다. 이것도 아무나 조른다고 주는 것은 아니니 괜히 이 책을 보고 가서 민폐 끼칠 생각은 말길.

'배꽃 필 무렵'은 이화주를 변형한 술이다. 이 술의 매력을 알기 위해서는 먼저 이화주에 대한 설명이 필요할 것 같다. 이화주라는 술은 전설의 명주다. 고려 때부터 이름이 전해오는 이화주는 술 빚는 사람이라면 누구라도 한번은 부딪치고 넘어가야 하는 숙제 같은 술이다. 만드는 방법이 굉장히 어렵기 때문이다.

우선 쌀가루를 뭉쳐서 이화국 누룩을 만들어야 하는데 이게 아주 사람 미치게 어렵다. 이화국 누룩은 일반적으로 사용하는 통밀누룩과 달리 쌀가루가 잘 뭉쳐지지 않아서 손아귀 힘을 꽤나 써야 한다. 또한 뭉쳐서 놔둬도 전문적으로 누룩방을 만들어두지 않고서는 좀체 결과물이 뜻대로 나오지가 않는다. 일반적인 누룩은 보통 통밀을 거칠게 빻아서 쓰는데 이 밀 껍질에 효모를 비롯한 여러가지 균이 있어서 번식이 용이하다. 반면 이화곡은 도정한 쌀을 가루를 내어 반죽해 뭉쳐서 쓰는데 도정한 쌀은 당연히 통밀에 비해 균이 거의 없는 편이다. 그래서 짚 등의 초재를 쓰는데 별도로 이화곡용 초재가 있는 것도 아니니 그때그때 구하는 볏짚이 어떤 것이냐에 따라서 결과물도 조금씩은(혹은 엄청나게) 달라지게 마련이다. 이화곡을 빚는 환경이 잘 조성되지 않은 상태라면 일관성을 유지하기가 대단히 어렵다.

게다가 이화주는 술을 빚을 때에도 물이 거의 들어가지 않기 때문에 빽빽한 술덧을 혼화시키는 작업이 대단한 중노동이다. 상업화하기 위해 대량으로 만들려고 하면 정말 답이 안 나온다. 물이 적으니 나오는 술의 양도 적다. 만들 때 힘이 드는 것이야 아는 사람이나 알 뿐이다. 그래서인지 이화주는 누구나 빚어보는 술이지만 상품화되어 나온 술은 많지가 않다. 떠먹는 요구르트같이 먹는 재미도 있고 새콤달콤 맛있는 술인데도 그렇다.

마지막으로 이화주는 팔아보면 애매한 술이다. 처음에는 이 떠먹는 요구르트 같은 점이 재미도 있고 맛도 있어서 반응이 좋은데, 같은 손님이 이화주를 주문하는 것은 최대 두어번 정도다. 한번은 먹어보고 신기해서, 그다음에는 지인들에게 소개하는 의미로 한두번 더 정도고, 그후에도 계속 시키는 사람은 거의 없다. 일단 술 같지 않은 점도도 그렇고, 상당히 단맛이 있어 다른 단술이 그렇듯 많이 먹기에는 좀 질리는 것도 사실이다.

'배꽃 필 무렵'은 이 문제를 해결할 묘수를 찾은 듯하다. 극단적인 소포장과 솔잎 추출액 첨가가 그 묘수다. 한입 분량의 소포장이라 질리지 않는 데다 솔잎 추출액의 청량감은 아쉽다는 느낌마저 준다. 홍천이라는 지역성까지 반영이 된다. 디저트 술로 업장에서 설계만 잘하면 판매용으로도 완벽하겠다.

'동짓달 기나긴 밤'은 복분자가 들어간 청주(약주)다. 홍천 복골 산골짜기까지 찾아주시는 분들을 위해 특별히 개발한 술이기도 하다. 원래 예술양온소를 직접 방문하거나 이 술을 거래하는 몇몇 한주 전문점을 제외하고는 구할 수 없었는데 호응이 너무나도 좋아서 최근에는 인터넷 판매를 시작했다고 한다.

복분자가 단맛을 내는 역할이 아니라 은은한 향과 깊은 색을 내는 역할을 하고, '동짓달 기나긴 밤'이라는 이름 그대로 입에 머금은 순간부터 목으로 넘어갈 때까지 천천히, 유장하게 갈마든다.

동지(冬至)ㅅ달 기나긴 밤을 한 허리를 버혀 내여
춘풍(春風) 니불 아레 서리서리 너헛다가
어론님 오신 날 밤이여든 구뷔구뷔 펴리라

황진이의 시조에 나오는 그 '서리서리 너헛다가 구뷔구뷔 펴는' 느낌으로 길게 음미하며 마셔야 언뜻 드라이하게 느껴지는 첫맛 뒤에 숨어 있는 은은한 단맛과 복분자의 베리향, 곡주 특유의 감칠맛이 모습을 드러내어 하나의 장면을 만드는 것이 보일 것이다.

인터넷으로 활로를 열다

술을 빚는 것도 쉽지는 않지만 파는 것은 또다른 문제다. 판매 쪽은 양조장에서 그렇게 노력해도 답이 잘 나오지 않는다. 역시 만드는 것과 파는 것은 완전히 다른 영역이다. 만드는 사람이 파는 것까지 같이 하려니 품이 부족한 것도 있지만 파는 분야는 만드는 것처럼 마음껏 실험하고 수정할 기회가 없다. 고객은 한번 실망하면 그것으로 끝인 경우가 많다.

무엇보다 프리미엄 한주가 아직은 대중화 단계에 이르지 못했던 탓이 크다. 성장기 산업에 있다보면 사람이 어쩔 수 없이 겸손해진다. 아무리 용쓰는 재주가 있고 몸이 너덜너덜해지도록 애를 써도 결국 인프라가 조성되어 있지 않은 업계이기 때문에 겪어야 하는 한계가 있다. 술이 환경이 잘 갖추어지고 익을 때가 되어야 빛도 향도 피어나듯이 팔리는 것도 여러 사람과 정황의 박자가 맞아야 한다.

어쨌든 예술양온소는 부부의 '은퇴' 계획이라기에는 너무 열심히 살아야 한다는 문제가 생겼다. 그것도 양조장을 차리고 이 일에 매달리다보니 번뜩 깨닫게 된 것이다. 그래도 혹은 그래서, 부부는 투자하고 또 투자한다. 자금과 노동이 지금도 계속 들어가고 있다. 물론 양조장은 점점 더 아름다워지고 외형적 발전도 하고 있다. 하지만 얼마 전까지는 썩 돈을 번다고 할 수 없는 상황이었다. 나는 가격을 좀 올리시라고 몇년째 잔소리 중이었는데, 가격 저항에 대한 이런저런 걱정도 있고 빤한 고객들 사정도 생각해서 술값을 못 올리고 있었다.

하지만 인터넷이 많은 것을 바꿔놓았다. 한주업계, 특히 한주 소매업의 변화는 격세지감이라는 표현이 딱 들어맞는다. 사실 인터넷에서 안 팔리는 상품이 다른 데서 잘 팔리기를 바라는 것도 이상한 일이다. 오프라인 매장에서 판매를 할 때도, 인터넷에 없는 상품은 없는 것이나 다름없는 게 요즘의 소매업이다. 특히나 가격이 좀 되고 취향을 만족시키려 구입하는 프리미엄 한주의 경우는 말할 것도 없다. 한주의 인터넷 판매가 허용된 것은 2017년 하반기부터다. 이때부터 한주 산업에 중요한 인프라가 하나 생겨난 셈이다(아니, 허용된 셈이다). 다른 업계도 인터넷으로 시작된 지각변동이 만만치 않게 일어나고 있지만 한주업계의 판도는 마치 닷컴버블 직전의 정보통신 업계를 방불할 만큼 급격히 변해가고 있는 참이다.

문제는 인터넷 판매를 시작해보니 술이 너무너무 잘 나간 것이다. 생산 규모는 양조장의 하드웨어에도 달려 있지만 일을 하는 사람의 체력에도 달려 있다. 전통 방식으로 빚는 술이란 것은 노동집약이란 말로는 부족할 정도로 사람의 품을 요구한다. 인터넷 판매로 술이 잘 나가기 시작하자 몸은 힘든데 그에 비해 매출은 얼마 안 됐다. 양조장을 다시 휴업하고, 덜 노동집약적인 형태로 시스템을 바꾸었고 직원도 채용했으며 드디어 가격도 좀 올렸다. 그래봐야 선비님 셈법이라 나의 잔소리가 멈출 것 같지 않지만 예술양온소의 미래는 밝을 것이다. 절대적인 품질로나 가성비로나 전국에서도 손에 꼽을 만한 곳이다.

술 빚기 핵심 강의

나는 양조가가 아니다. 술을 즐기기 위해서 누구나 양조가가 되어야 하는 것도 아니다. 하지만 자기 손으로 술을 빚는 과정에서 쌀알과 누룩과 물이 만나 술이 되는 그 생명의 신비를 직접 보는 기쁨은 이루 말할 수가 없다. 말 그대로 하나의 생태계를 자기 손으로 창조하고 관찰하며 느껴보는 일이다. 술을 즐기기 위해서는 술을 알아야 하고 술을 알기 위해서는 한번쯤은 술을 빚어봐야 한다. 특히 요리사, 바리스타, 소믈리에 같은 요식업계 종사자라면 적어도 한 번은 꼭 술을 빚어보기를 권한다. 외국 문물을 받아서 소개하는 일은 앞단은 외국에서 이루어지고 허리 아랫부분 일만 하게 되는 경우가 대부분이다. 꼭 한주업계 종사자가 아니더라도 그런 산업의 머리부터 발끝까지 사이클을 느껴보는 계기가 되는 경험일 것이다.

한주업계에서 일하는 사람이라면 선택이 아닌 필수다. 세발자전거의 직원들을 굳이 워크숍을 빙자하여 1년에 한번은 양조장을 방문하게 한 이유도 직접 술 빚는 체험을 하게 하기 위해서였다. 간단한 술 빚기야 업장에서도 못할 것은 없지만 환경적인 문제도 있고, 같은 가양주 방식의 빚기라도 양조장에서 직업 양조가가 상업적인 방식으로 술 빚는 것을 보는 것도 좋은 공부이기 때문이다. 무엇보다 직접 술을 빚어서 그 술이 자라나고 철드는(!) 과정을 지켜보는 것이야말로 한주 판매자로서 반드시 갖추어야 할 경험이라고 생각한다.

술 빚기를 꼭 해보라고 말만 하고 설명이 없으면 섭섭할 것 같다. 그래서 술 빚는 과정을 자세히 설명해보려고 한다. 지금 당장 술 빚기 체험을 할 수는 없을 테니 머릿속으로나마 상상해보면 좋겠다.

한번 읽고 체험을 하면 예습 효과가 있어서 좋을 것이고, 체험 후에 읽어보면 겪었던 과정이 생각나고 원리가 이해되어 좋을 것이다.

① 재료

술 빚기에 필요한 것은 기본적으로 쌀, 물, 누룩이다. 미담양조장에서 소개했던 송화주나 연엽주같이 다른 여러 재료를 첨가하는 경우도 있고 보리나 밀 같은 곡류, 고구마나 감자 같은 서류(뿌리채소)가 주성분이 될 수도 있다. 주정 제조용으로 쓰는 타피오카나 카사바 같은 것도 녹말 성분이 많으니 술이 안 될 리 없다. 하지만 우리나라는 쌀밥을 먹는 나라. 그래서 기본 재료는 쌀을 쓴다. 초보자 체험용은 100퍼센트 쌀술 빚기일 것이다. 다른 재료를 쓰더라도 기본 원리는 같으니 원리만 체득하면 그다음에는 스스로 응용이 가능하다.

술 빚는 쌀은 기본적으로 찹쌀을 쓴다. 멥쌀보다 탄수화물 성분이 많아서 알코올의 원료가 되는 당분이 많이 나오기 때문이다. 꼭 찹쌀을 써야 하는 것은 아니고 멥쌀을 써서 빚는 술도 많지만 초보에게는 찹쌀이 쉽고 우리나라 전통주는 대부분 찹쌀을 주성분으로 한다.

② 쌀 고르기, 정미

일본 청주는 쌀을 깎아낸다. 쌀알을 빛에 비춰보면 가운데서 좀 아랫부분에 하얀 덩어리가 보인다. 이 부분을 심백(心白)이라고 하는데 탄수화물 덩어리라고 보면 된다. 일본 청주는 되도록 이 심백 부분만 남기고 다른 부분을 깎아낸다. 이 과정을 정미(精米)라고 한다. 쌀알을 한알 한알 들고 깎을 수는 없으니 기계를 쓰는데 이게 또 어려운 일이라 정미 기술자는 주조 과정에서 아주 중요한 역할을 담당한다. 정미 후 남은 부분의 비율을 사케 용어로는 정미보합률(精米歩合率)이라고 한다. 일본 술들은 이 정미보합률이 어마어마하다. 고급주로 분류되는 긴조슈(吟釀酒)는 정미보합률 50~60퍼센트, 최고급주 등급인 다이긴조슈(大吟釀酒)는 50퍼센트 이하다. 그러니까 다이긴죠슈는 쌀의 절반 이상을 깎아낸 술이라는 말이다. 최근에는 정미보합률 9퍼센트의 술도 나왔다(91퍼센트를 깎아냈다는 얘기다). 이러다보니 주조호적미(酒造好適米) 품종이라고 해서 심백이 큰 쌀을 따로 재배한다. 이 주조호적미는 키가 크고(보통 어른 무릎을 좀 지나는 일반 벼에 비해서 주조호적미 벼는 어른 키까지도 자란다) 쌀알이 굵어서 비바람이 거세게 불면 허리를 꺾고 물에 잠기기 일쑤다. 그러니 가꾸는 정성이 더 들어가고 그 때문에라도 일반 쌀보다 훨씬 비싸다.

참고로 껍질만 벗겨낸 상태의 쌀알을 현미(0~1분도)라 하고, 이것을 100퍼센트로 했을 때 우리가 먹는 새하얀 백미는 11~13분도미이다. 11분도 이상이 되면 정미율이 90퍼센트, 즉 10퍼센트 정도를 제거한 것이니 일본주의 주조용 쌀을 얼마나 많이 깎아내는 건지 알 수 있다.

이렇게 쌀을 많이 깎아내는 이유는 심백 이외의 부분에는 단백질, 지방, 섬유질 외 기타 성분이 많아서 술맛을 통제하기 힘들어지기 때문이다. 일본주의 깔끔하게 딱 떨어지는 특성을 만들기 위해서는 주조호적미와 쌀 깎기가 매우 중요한 요소다.

우리나라도 일본 사케 애호가들이 많고, 양조가들도 사케 양조를 참고하는 곳이 많이 있지만 쌀을 깎는 문제에 대해서는 대부분의 양조가가 고개를 가로젓는다. 재료비가 비싼 현실적인 문제도 있겠지만, 쌀을 이렇게 깎아내고 나면 한주 특유의 다양한 풍미가 없어져 심심하고 허한 느낌의 술이 나오기 때문이다. 술 만들기는 어려워도 쌀을 많이 깎지 않고 그저 밥 먹는 쌀 정도의 도정이 적당하다는 의견이 다수다. 물론 정답은 없다. 큰 양조장 중에는 '깎고 또 깎은' 것을 특징으로 내세우는 곳도 있고 반대로 현미로 술을 빚는 양조장도 있다.

그럼 좋은 쌀은 어떻게 고를까? 밥이 맛있는 쌀이 술도 맛있다는 것이 중론이다. 술이든 밥이든 맛과 향이 풍부하려면 탄수화물만 가지고 되지 않는다. 쌀알이 굵고 고르며 부서진 쌀이 없고 도정한 지 오래되지 않은 쌀, 바로 맛난 밥쌀이 한주의 주조호적미다.

앞으로는 주조용 쌀에 대한 연구도 진척되고 품종개량도 이루어지겠지만 일본의 주조호적미를 따라하는 것은 방향 자체가 잘못된 것이라 본다. 일본의 주조호적미는 결국 생산 공정 통제를 쉽게 하기 위한 품종개량일 뿐이다.

③ 쌀 씻기

술을 빚기 위해서는 우선 쌀을 잘 씻는 것이 중요하다. 세미(洗米)라고 한다. 쌀을 씻는 과정에서 불순물을 걸러내고, 눈에 보이는 겨나 기타 이물질 말고도 쌀 표면에 부착된 눈에 보이지 않는 여러가지 균 등도 씻어낸다. 이것을 좀 과장되게 일러 '백세(百洗)', 즉 100번을 씻는다고 한다. 정말로 100번이나 씻지는 않지만 쌀뜨물이 안 보이고 맑은 물이 나올 정도로 씻어야 한다. 일본주같이 쌀을 깎아내지 않는 대신 쌀 씻기에 좀더 정성을 들이는 것이 한주의 일반적인 방식이다. 씻고 씻어서 맑은 물이 나올 정도가 되면 그다음에는 쌀의 물이 빠지도록 체에 밭쳐놓고 30분에서 1시간 정도 기다린다.

④ 고두밥 찌기와 식히기

씻은 쌀로 증미(蒸米), 즉 고두밥을 찐다. 물을 적게 해서 꼬들꼬들하게 찌기 때문에 고두밥이라고 한다. 쌀에 들어 있는 탄수화물 성분을 분해해서 당으로 만들기 위해서는 열을 가해 분자구조를 느슨하게 해주는 과정이 필요하다. 생쌀을 소화시키기 어려우니 밥을 하는 것과 같은 원리다. 고두밥 외에도 떡이나 죽, 범벅 등 여러가지 방법이 있고 심지어는 생쌀을 발효하는 방법도 있기는 하지만 첫걸음은 고두밥으로 하자.

밥이 다 쪄지면 평상 같은 곳에 널어놓고 뒤집어가며 식히고 말린다. 뜨거운 밥은 균을 죽이니 당연한 과정이다. 속까지 다 식도록 뜨거운 밥을 잘 뒤적여주고 덩어리가 지지 않게 풀어준다. 이때 집어먹는 고두밥 맛은 진짜 꿀맛이지만 너무 많이 집어먹지는 말도록 하자. 더 맛난 술이 줄어드니까.

⑤누룩 법제

한편에는 술 빚기에 사용하기 2~3일 전부터 누룩을 법제해둔다. 법제(法製)는 덩어리 형태인 누룩을 잘게 부숴 밖에 놓아두어 바람도 맞추고 햇빛도 쐬게 하는 과정이다. 누룩은 사용하기 전에는 누룩방에 보관하는 것이 보통인데 누룩방은 열대우림 같은 고온다습한 환경이어야 한다(최근에는 실험을 통해 이 고온다습한 환경에 대한 구체적인 숫자가 나오기 시작했다). 옛날부터 누룩은 장마철에서 한여름에 띄우는 것이 좋다고 한 이유다.

고온다습한 환경에서는 술 빚을 때 필요한 균 외에도 여러가지 균들이 함께 자란다. 그래서 누룩방에서 나오면 습기도 제거하고 잡균들을 정리하는 과정이 필요하다. 애써 배양한 균에 햇빛과 바람을 맞히는 이유는 강한 균만 살아남아서 번성하게 할 준비를 시키는 것이라고 봐도 좋겠다. 누룩곰팡이와 효모가 우점종(優占種)인 생태계가 누룩이니까 법제는 이들 두 미생물류를 포함하여 다른 균류에 시련을 주는 과정이기도 하다. 시련을 거쳐 살아남은 균들만이 술을 만드는 과정에 참여하게 되는 것이다. 이 과정은 누룩을 사용하기 며칠 전에 미리 시작해야 한다. 법제는 특별히 정해진 기간이 있는 것은 아니지만 보통 2~3일 정도 한다.

법제한 누룩은 크게 탄수화물을 당으로 만드는 효소와 이 당을

누룩은 다양한 균의 종합 생태계이다.
사람은 그저 생태계의
기본적인 조건만 갖추어주면 된다.

알코올로 발효시키는 효모, 그리고 다양한 향미와 풍미를 만들어주는 기타 성분으로 구성된다. 이 세가지 요소가 다 중요하다. 일본식 혹은 공장식 대량생산 양조법은 여기서 당화효소와 효모만 따로 배양해 두 공정을 분리하고 다른 요소는 잡균 취급을 해서 배제하는데, 이러면 술 만드는 과정은 통제하기 쉬워지고 수율(收率)도 높아지겠지만 자연스럽게 풍미와 향의 부케(bouquet, 다양한 풍미와 향이 화려하게 피어오르는 것이 꽃다발을 연상시킨다는 의미에서 쓰는 와인 용어)가 생겨나는 과정을 희생시키게 된다. 사케의 맛을 깔끔하다고 볼 것인지 심심하다고 볼 것인지는 개인의 취향이지만 한주의 경우 대개 풍부함을 추구하는 경향이 강하다는 것은 이미 얘기한 바와 같다. 깔끔함을 추구하려면 누룩 사용이 오히려 바람직하지 않다고 할 수도 있다.

한마디로 누룩은 다양한 균의 종합 생태계인데, 이 생태계를 잘 조성하고 유지하는 것이 누룩을 만들 때 가장 중요하다. 효소와 효모 외의 다른 균도 중요하기는 하지만 역시 주인공인 효소와 효모가 바로 서지 않으면 술을 망치게 된다. 그래서 이 균형을 유지하는 것이 난이도 최상의 기술이다. 누룩을 '술 씨앗'이라고도 하는데, 그만큼 술의 맛과 향을 결정하는 데에 중요한 요소라는 뜻이다. 누룩에 대한 자세한 얘기는 양조에 관심이 있는 사람이라면 흥미진진한 주제지만 여기서는 이 정도로 다루도록 하자. 초보자용 체험이라면 세미와 법제 과정은 양조장에서 미리 준비해주는 것이 보통이다.

⑥ 누룩과 고두밥 섞기

밥이 다 식었으면 이제 혼화(混化)를 할 차례다. 혼화란 밥과 물과 누룩을 넣고 잘 섞어주는 것이다. 그저 같은 용기에 넣고 섞어만 놓아도 알아서 발효가 되기는 하지만 그렇게 두기보다는 손으로 정성스레 휘젓고 누르며 섞어주면 발효가 빨리 일어난다. 고두밥에 누룩과 물을 넣고 휘젓다보면 따로 놀던 물과 건더기가 점점 뒤섞여서 하나의 화합물이 되는 것을 볼 수 있다. 묽은 죽같이 주르륵 흘러내릴 정도가 되면 혼화가 잘된 것이다.

제빵도 그렇지만 양조도 손이 크고 따뜻한 사람이 유리하다고 하는데, 밀가루를 반죽할 때처럼 누룩과 고두밥을 섞을 때 손이 따뜻하면 혼화 과정을 촉진하는 효과가 있다. 당화효소는 우리 체온 이상의 온도에서 활동이 가장 활발하기 때문이다.

혼화가 잘되었으면 이제 이것을 용기에 나눠 담고 발효를 시킨다.

⑦ 발효 과정 1: 당화

발효 과정은 우선 탄수화물이 분해되어서 당류가 되는 당화(糖化)가 먼저 일어나고 그다음에 알코올발효가 일어나는 것이 이론적이고 논리적인 순서다. 당이 있어야 효모도 알코올을 만들기 때문이다. 하지만 누룩을 통해서 이 두 과정을 '동시에' 진행하는(이 동시성 때문에 '병행복발효'라고 한다. 와인같이 당류를 바로 알코올 발효하는 경우는 단발효다) 한주의 경우에는 이 동시성에서 일종의 모순이 발생한다. 당화가 되려면 상당한 고온이 필요하다. 일반적으로 누룩의 경우 38~45도 정도, 맥아를 사용한 전통 방식의 맥주 양조의 경우는 60도 이상이 최적의 당화 온도라고 한다. 옛날 할머니들은 술독을 아랫목에 두고 이불을 씌워놓기도 했다는데, 당화력이 낮은 옛날 누룩이라면 이런 정도를 해줘야 알코올발효를 할 당이 충분히 나왔을 것이다.

참고로 우리나라에서는 개량누룩이 아닌 전통누룩을 쓸 경우 누룩을 쌀 양의 10퍼센트 정도는 쓰는 것이 상식적인 수준이고 옛날 요리책의 주방문의 예를 보거나 시골에서 당화력 약한 재래누룩을 사용하는 경우는 누룩의 양이 쌀 양의 절반 가까이로 높아지기도 한다. 그런데 더운 동남아 지방에서는 당화력도 낮은 누룩을 쌀 양의 0.1퍼센트 정도만 넣어도 술이 된다. 나의 추측으로는 당화효소의 구체적인 구현태인 누룩곰팡이가 고온다습한 환경에서는 빠르게 번식하기 때문에 조금만 넣어도 당화가 잘되는 것이 아닐까 한다.

문제는 효소가 활발한 활동을 하는 높은 온도에서는 효모가 죽는다는 점이다. 효모의 활발한 활동 온도는 25도 안팎으로 본다. 그래서 너무 뜨거우면 술이 당화만 되고 발효가 안 되어 실패하게 된다. 하지만 적당한 때에 온도를 다시 낮춰주면 효모들이 활발하게 활동하기 시작한다. 이 타이밍을 잡는 것이 양조장마다 갖고 있는 노하우 중 하나다. 온도뿐 아니라 습도와 압력 등 발효 과정에 영향을 미치는 조건은 무수히 많으니 안정된 환경이 갖춰지지 않으면 이 타이밍을 잡는 것은 과학보다는 예술에 가까운 영역이라고 할 수 있다.

⑧ 발효 과정 2: 알코올발효

당이 충분히 생성되고 적당한 온도를 조성하면 알코올발효가 활발해진다. 알코올발효와 더불어 배출되는 이산화탄소가 부글부글 올라오면 마치 술이 끓는 것처럼 보이기도 한다. 그래서 술이 물 수(水)에 불이 더해져서 '수불 → 수울 → 술'로 변천해온 것이라는 설이 한때 정설이었다. 최근에는 그다지 호응을 받지 못하고 있지만.

어쨌든 이 알코올발효 과정은 술에 따라 다르지만 일반적인 술의 경우에는 술을 담근 지 몇시간 후부터 시작해서 며칠간 계속된다. 부글부글 끓는 것이 잦아들기 시작할 때가 알코올발효가 끝나가는 때라고 봐도 좋다.

사실 이 과정이 끝난 후에도 알코올발효뿐 아니라 당화 역시 어느 정도는 계속 일어나고 있다. 이렇게 과정을 기계적으로 분리하지 않고 일정 정도 오버랩되는 것이 누룩을 이용한 술 빚기의 매력이자 어려운 점이기도 하다. 한주다운 풍부한 맛과 향을 갖게 해주는 이 어려운 과정을 감수하는 것이 바로 크래프트맨십(craftsmanship)이나 아르티장십(artisanship) 혹은 장인정신이다. 반대로 이 어려움을 겪지 않으려고 기술을 도입하는 것이 산업화라고 보는 하나의 기준이 될 수 있겠다.

당일 현장에서 체험을 할 수 있는 것은 아마도 술이 부글부글 끓기 시작하는 정도, 혹은 그 이전까지일 것이다. 각자가 만든 술은 체험하는 양조장에서 보관해주는 경우도 있지만 대개는 용기에 담아 집으로 가져가게 된다.

가지고 간 술은 우선 좀 따뜻한 곳에 둔다. 아직은 당화 과정이 다 끝나지 않았을 것이기 때문이다. 햇빛은 살균 작용을 하기 때문에 절대 금물이다. 아랫목에 두고 이불을 뒤집어씌우는 민간요법도 나쁘진 않지만 온도 변화가 너무 심하면 리스크도 커지니까 적당히 따뜻한 방 안에 두는 것이 좋다. 혹은 침대에서 끌어안고 덥혀가면서 하루 이틀 밤쯤 부글거리는 소리를 듣는 것도 체험으로선 괜찮을 것이다.

끓는 것이 잦아들 때가 되면 온도를 좀 낮춘다. 이때의 온도는 따뜻한 봄가을 날의 상온 정도 혹은 와인에서 말하는 룸 템퍼러처(room temperature) 정도면 좋다. 상온이라는 말 자체가 정확한 온도 범위를 정해둔 것은 아니고, 대략 사람이 편안하게 느끼는 온도를 말하는 것이니 섭씨 18도 전후로 보면 될 것이다. 상온보다 좀 차게 두어서 천천히 알코올발효를 시키는 방법도 있는데, 이 방법은 초보자에게 권하기에는 좀 위험하다. 어쨌든 기본적으로는 일상생활에 불편하지 않은 온도를 벗어나지 않게 두면 된다.

알코올을 만드는 효모의 활동은 혐기성발효라서 산소를 필요로 하지 않는다. 알코올발효에 부가되는 젖산발효도 마찬가지다. 따라서 자주 열어보거나 휘젓지 않는 것이 좋다. 술이 되었는지는 잠시 뚜껑을 열어 충분한 탄산이 올라오는지, 빵 반죽이 익는 것 같은 향을 넘어서 꽃이나 과일향 같은 달큰한 향이 올라오는지 등을 맡아보면 알 수 있다.

⑨ 숙성

체험장에서 설명을 잘 듣고 정성을 기울였으면 아마도 제법 괜찮은 술이 나올 준비가 되었을 것이다. 하지만 결정적인 한 단계가 남아 있으니 바로 숙성(熟成)이다. 술은 만드는 것도 중요하지만 숙성이 그 이상으로 중요하다. 알코올발효가 어느 정도 잦아들면 그때부터는 숙성의 시기다.

알코올발효가 칼로 끊듯이 딱 끊어진 상태에서 숙성이 되는 것이 아니고 숙성 기간에도 발효는 계속 일어나고 있다고 봐야 한다. 이 발효 과정을 조절해서 맛과 향을 뜻하는 대로 내는 것이 숙성의 노하우다.

술의 숙성은 물과 알코올이 시간이 지나면서 분자 레벨에서 물리적 안정화를 이루는 과정이다. 장기숙성하는 증류주의 경우 이 과정을 확연히 느낄 수 있다. 도수가 높은 증류주는 갓 내린 술은 굉장히 부드럽지만 30분 정도만 지나도 입안에서 따끔따끔한 느낌이 날 정도로 거칠어진다. 이후 1개월, 3개월, 6개월, 1년, 3년… 시간이 지나면서 분자구조가 안정화되고 입속에서 느껴지는 감촉도 부드러워진다. 위스키의 경우 12년, 17년, 30년 등으로 숙성 햇수가 늘어가면서 훨씬 부드럽게 넘어가는 것도 같은 이치다. 이 과정에서 단순한 알코올의 향을 넘어서는 개성적인 향이 발현되기도 한다. 알코올은 기본적으로 꽃이나 과일 같은 달큰한 냄새가 나는 물질이지만 시간이 지나면서 좀더 복잡한 향으로 발전한다. 증류주의 예를 들었지만 원리는 발효주도 비슷하다.

술의 숙성은 아무리 강조해도 지나치지 않다. 좋은 술도 잘 익지 않으면 제 가치가 나오지 않는다. 위스키나 와인 중에서 수십년 된 고급주들은 다 그만한 시간이 지나야 제 가치를 보여주기 때문이다. 숙성은 고급주에만 해당되는 것은 아니다. 도수가 낮고 비교적 일찍 마시는 맥주도 숙성이 중요하다. 요즘은 숙성을 강조하는 수제맥주집들이 등장하기도 했지만 공장제 생맥주라도 보관 방법에 따라 맛이 다르다는 것은 술꾼의 상식이다. 이 보관이 넓은 의미의 숙성에 포함된다. 생주인 한주도 숙성이 중요한 것은 말할 것도 없다.

한주의 경우 숙성에 좋은 환경은 김치냉장고에 넣는 것이다. 섭씨 4도 이하라고 흔히 말하는데 나의 경험상 그보다는 0도에 가까운 온도가 술을 장기보관하기에 더 좋다. 이 온도에 두면 술은 거의 반영구적으로 보관할 수 있다. 김치냉장고에 보관한 김치가 몇년이 지나도 아삭한 식감과 조직이 보존되면서 감칠맛과 풍미가 늘어나는 것과 같은 이치다. 술도 저온이라고 해서 그 상태가 그대로 있는 것은 아니고 천천히 향을 늘려가고 밸런스를 맞추어간다. 물론 영원한 것은 없다. 김치와 마찬가지로 어느 시점에서는 맛의 정점에 오르고, 그 이후로는 맛이 엷어지고 밸런스도 깨지는 시점이 온다. 한동이(혹은 한병이라도)의 술은 하나의 생태계라서 생로병사가 있는 법이다.

내가 마신 술 중 보관이 잘된 것으로는 4년 정도 숙성시킨 것이 있었는데 정말 '인생 술'이었다. 요즘 나오는 좋은 술들의 경우 이보다 더 길게, 한 7~8년은 지나야 제 색깔이 나오지 않을까 싶은 것들이 있는데 결국은 시간이 지나봐야 아는 문제다.

발효도 그렇지만 숙성은 과학적으로 설명되지 않은 부분이 많은 신비의 영역이다. 직접 빚은 술이 특히 잘 나왔다고 생각하면 김치냉장고에 넣고 오래오래 보관해보시라. 장기숙성을 하려면 가수(加水)하지 않은 청주나 탁주처럼 도수가 어느 정도 있고 보디가 묵직한 것이 좋다. 도수가 낮은 대중 막걸리는 오래 견디는 힘이 약한 편이어서 오래되면 물같이 묽어지는 경우가 대부분이다. 그래도 한 1년 정도 두면 갓 빚은 술에는 없는 무게와 향이 더해질 것이다. 이건 상업적으로 술을 파는 업장에서는 현행법상 불가능하고 오로지 마시는 사람이 스스로 해야만 얻을 수 있는 술들이다.

이 숙성의 기술은 빚은 술이 아니라 구입한 술에도 활용할 수 있다. 숙성 전용으로 김치냉장고 한대, 아니면 한칸이라도 확보해두시라. 우리나라의 탁주나 약주는 주세법의 모순으로 유통기한이 정해져 있는데 그런 것을 무시하고 김치냉장고에 1년이고 2년이고 숙성시켜 맛을 보시라. 돈 주고도 못 사는 좋은 술들이 즐비한 셀러를 갖게 될 것이다. 숙성에는 술마다 피크가 있는데 하다보면 어떤 술은 언제쯤 마시면 좋을지 감이 온다. 절대 후회하지 않을 기술 하나를 배웠다는 데 동의하게 될 것이다.

발효주의 숙성과 증류주의 숙성은 다르다. 발효주는 냉장기술 없이는 장기숙성이 안 된다. 반면 증류주는 알코올의 살균 효과 덕에 거의 영구적으로 보존이 가능하고 상온 보관도 가능하다. 그리고 강한 도수이니만큼 숙성 기간도 더 길어질 수 있고 길어져야 한다.

참고로 스카치위스키의 경우 최소 3년 이상 숙성시켜야 스카치위스키라고 부를 수 있도록 법으로 정해져 있다. 그런데 3년 숙성 스카치위스키는 본 적이 없을 것이다. 대체로 제품화되어 시장에 나오는 스카치위스키는 아무리 저가 상품이라도 5~6년 정도는 숙성된 것이 기본이다.

술을 향으로 즐기는 사람이 많다. 특히 와인이나 위스키의 경우 향에 대한 평가가 술 평가의 가장 중요한 부분을 차지한다고 할 수 있을 정도로 향을 중시한다. 하지만 갓 증류한 높은 도수의 알코올은 기본적으로 알코올이다. 여기에 향을 입히기 위해서 오크통을 사용하는 것이 서양의 전통이다. 오크통도 오크를 불에 그슬려 향을 내고, 거기에 장기간 술을 숙성시킨다. 스카치위스키는 일부러 와인이나 셰리, 버번위스키 같은 다른 술을 숙성시켰던 통을 사용한다. 다양한 특징의 통을 확보하고, 통을 바꿔가면서 이 향을 입히는 것은 마스터블렌더의 중요한 업무 중 하나다.

반면 우리나라에서는 아직 특별한 향을 내는 숙성용기를 사용하기보다는 가향재를 사용하는 경우가 많다. 각 방법은 장단점이 있지만 다른 방법의 도움 없이 증류된 알코올(화이트 스피릿이라고 한다)만 가지고 독특한 향을 내는 것은 상대적으로 어려운 일이다. 하지만 불가능한 일도 아니고, 우리나라 증류주 중에서도 그런 숙성의 힘을 보여주는 술들이 생겨나고 있다.

양조를 통해 배우는 지혜

술을 빚는 과정을 살펴보니 어떤 생각이 드는가? 나는 한주를 빚어보면서 인생에 대한 새로운 통찰을 얻었다. 한주 생산의 모든 공정은 정확히 측정할 수 없는 '적당함'의 영역에 있다. 모순을 피하지 않고 오히려 적극적으로 조성하는 것이 전통적인 주조법의 특징이기 때문이다. 이렇게 모순된 상황 속에서 '적당한' 조건이란 것을 알기도 어렵고, 그보다 먼저 그런 환경을 조성하기 어렵다는 점이 한주의 묘미다. 사실 사람이 애면글면하는 것보다 미생물들이 자기들끼리 투덕거리면서도 결국 안정된 생태계를 이루면 그것으로 충분하다. 사람은 그저 생태계의 기본적인 조건만 갖추어주면 된다. 같은 술을 계속 빚다보면 양조장 자체가 하나의 완성된 생태계를 이루는 시점이 오는데, 그런 정도가 되면 술 빚는 사람도 다양한 상황에 따른 감각적 대처가 가능한 법이다. 이때가 되면 술 빚기가 좀 수월해지고 품질도 안정된다.

속 편하게 효소와 효모를 따로 배양해서 공정을 분리해 생산하면 수율이 높고 제품의 편차도 적지만 플러스알파의 묘미가 없다. 무엇보다 애초에 이런 공정은 편하게 많이 만들어서 돈 벌자는 마음이 출발점이다. 리스크를 안고라도 진짜 향기로운 술을 추구하겠다는 마음이 아닌 사람에게서 얼마나 대단한 술이 나올까. 상품으로서의 가성비가 중요할지 모르지만 진짜 좋은 술을 찾는 사람에게 가격은 최우선 고려사항이 결코 아니다.

한주의 장점은 이런 체험이 가능한 양조장이 많다는 점에도 있다. 외국의 와이너리나 브루어리를 가봐도 이런 자세한 부분은 직접 보기 힘들고, 그저 동영상이나 틀어주고 공장시설 유리벽 너머로 둘러보는 정도다. 규모가 크고 프로세스가 잘 짜여 있기 때문에 체험은커녕 관람만으로도 생산 현장에는 상당히 부담이 되기 때문이다. 와인이나 사케는 술 빚는 시점이 한정적이라는 한계도 있다. 이 경우 투어는 그래도 내가 좋아하는 술의 생산 현장에 가봤다는 감개와 감동을 빼면 주로 시음과 상품 구입이 주요한 활동이 된다.

내가 아는 바로는 한국의 한주 양조장들만이 이렇게 본격적인 술 빚기 체험 프로그램을 가지고 있다. 아직은 규모가 작고 영세한 탓도 있지만 무엇보다도 술을 통제의 대상인 상품이나 돈벌이로 보기 이전에 그 생명의 신비와 경이를 나누려는 마음들이 살아 있기에 가능한 일이다. 앞에 설명한 과정 중 일부만 당일 체험으로 할 수 있지만, 1박 혹은 그 이상을 할 생각이 있다면 세미부터 발효의 전 과정을 체험해볼 수 있고 소주를 내려보는 경험도 할 수 있다.

특히 외국 술을 공부해서 정작 자기 손으로 술을 빚어본 적도 없고 양조장에는 가본 적도 없는 사람들이 많을 것이다(가본다 한들 시음과 상품 구입 정도를 했을 것이다). 양조장의 술들이 어떻게 빚어지는지를 책으로만 달달 외운 사람들은 주종은 다르지만 한주를 한번 빚어보면 책이 갑자기 내 몸으로 들어오는 것 같은 기분을 느낄 것이다. 나도 그렇게 책으로 공부해서 와인이며 위스키의 자격증을 딴 사람이라 하는 얘기다.

일반인이고 전문가고 자기 손으로 빚은 것이 진짜로 술이 되어

나오는 경험은 어디 가서 달리 할 데가 없다. 쌀, 누룩, 물만 가지고 온갖 영롱한 맛과 향이 나오는 경험은 정말 기적을 본 것처럼 놀라운 일이다. 나는 술을 빚을 때마다 매번 다른 생명체를 낳는 느낌을 받는다. 때로는 이런 기적을 생략해버린 현대 자본주의 상품 시스템이 하찮게 여겨지기도 한다. 내가 한주를 업으로 삼길 잘했다고 생각하는 이유다.

외국문화 수입상으로 거들먹거리며 살아온 사람들은 외식업계가 아니더라도 수두룩하다. 나라가 워낙 가난해 가진 게 별로 없을 때는 그런 수입상들도 의미가 있었지만 21세기 경제강국이자 문화강국인 한국에 살면서 수입 대리로 만족하는 것은 전문가라면 자존심의 문제다. 남이 만들어준 콘텐츠를 답습하는 것으로 자기 권위를 세우려는 사람들을 나는 '조선인 순사'라는 나만의 용어를 만들어 공개적으로 비웃는다. 이런 '조선인 순사'들이 또 알고 보면 묘한 지점에서 애국심이 충만한 것도 재미있다. 이런 사람들은 우리의 현실을 결코 인정하지 못하기 때문에 사대주의자인 동시에 자꾸 옛날로 돌아가려는 퇴행적 전통주의자인 경우가 많다. 그러다보면 자꾸 옛날을 미화하고 조상의 지혜 운운하며 근거도 불분명한 전통에 매달리게 되는데, 미래지향적 전통주의자인 나로서는 뭣 하러 저러나들 싶다.

전통주조 예술
강원도 홍천군 내촌면 동창복골길 259-5
033-435-1120

예술양온소 테이스팅 노트

동몽

찹쌀술에 단호박이 들어간 청주. 단호박의 영향도 있는 짙은 황갈색의 술은 단맛이 밀려오다가 산미가 느껴지면서 목으로 넘어가게 된다. 이 목 넘김 직전에 느껴지는 쌉쌀한 향이 술을 입 안에 머금고 느끼게 만든다. 그렇게 잠시 여유를 가지고 난 후의 여운이 길고 영롱하다.

산미 | 중　감미 | 중상　점도 | 중　감칠맛 | 중　도수 | 17%

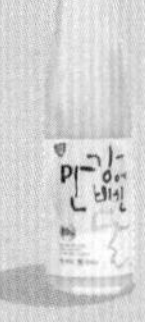

만강에 비친 달

맛으로 본다면 동몽과도 비슷한 스토리 구조를 가지고 있는데, 탁주 특유의 보디감이 더해지니 흐름이 조금 더 완만하다. 향나무 느낌의 피니시가 산미, 감미와 어우러진다. 이 술은 백자 잔에 따라서 색을 즐기는 것도 놓칠 수 없는 포인트다.

산미 | 중하　감미 | 중　탁도 | 3/7　탄산 | 중하　도수 | 10%

무작

삼양주 동몽을 증류해서 만드는 고급 소주. 묵직하고 53도에 이르는 도수가 인상적인 정통 쌀소주다. 아직은 조금 더 기다려보고 싶은 술이고 거꾸로 말하면 지금 한병쯤 사서 세월이 지나 테이스팅해보는 맛이 있을 것이다.

감미 | 중　감칠맛 | 중상　고미 | 중　점도 | 중상　도수 | 53%

배꽃 필 무렵

배꽃 필 무렵은 솔잎 추출액이 들어가서 기존의 이화주와는 달리 청량감이 좋다. 역시 음주용으로는 어떨까 싶지만 식후주로서는 계속 찾을 수 있겠다는 생각이 드는 맛이다. 그리고 포장 단위 자체가 물릴 여지를 원천봉쇄한 수준. 이화주도 여러가지 변주가 가능하다는 교훈을 준다.

산미 | 중 **감미** | 중 **탁도** | 7/7 **탄산** | 하 **도수** | 9%

동짓달 기나긴 밤

복분자즙을 짜서 1년 발효시킨 후에 술을 만든다. 복분자라면 단맛이 연상되겠지만 실은 오히려 드라이한 편. 쌀술이지만 와인에 가까운 캐릭터가 비치는 술이다. 흔히 접하는 복분자술이 너무 달다고 생각하면 한번 시도해보시길.

산미 | 중하 **감미** | 중하 **점도** | 중 **감칠맛** | 중하 **도수** | 16%

3

두루양조장

인생 이모작으로 선택한 귀농귀촌

두루양조장은 내촌면에 자리잡고 있다. 같은 면에 있지만 앞서 얘기한 예술양온소와는 차로 30분 가까이 걸린다. 서울에서 본다면 동홍천 IC에서 내려와서 44번 국도를 타고 가다가 철정에서 국군통합병원으로 빠지는 길로 가는 것이 더 가까운 위치다. 시골의 소소한 지명이지만 강원도에서 군복무한 사람들이라면 국군통합병원을 가보진 않았어도(그런 복 받은 사람이 어디 많으랴) 철정이라는 지명만은 익숙할 것이다.

왜 이름을 '두루'라고 지었을까? 시음 공간에서 김경찬, 구은경 부부를 기다리다보니 왕래한 지 이태가 되는 지금에야 갑자기 이름의 이유가 궁금해진다. 부부가 번갈아 명목상의 대표를 맡는데 우리끼리는 김 대표는 사장님, 구 대표는 회장님이라고 부른다.

아마도 이곳의 자리와 풍경이 좋아서일까? 양조장이 있는 자리는 사실 그렇게 높은 곳도 아닌데 '두루' 보게 되는 명당이다. 산이 많은 강원도에서 산골 취급을 할 정도는 아니지만 참 환상적으로 좋은 경관이 확보되어 있다. 이곳을 신선 셋이 노니는 자리라 삼선대(三仙臺)라 했다던가, 정승이 셋이 날 자리라 삼승대(三丞臺)라 했다던가. 아니, 이 자리가 아니고 길 건너 어디라 했던가. 여하튼 두루양조장에서 시음회를 하면 이렇게 두루 살피고 내려다보는 맛이 있다. 두루양조장에서 빚는 탁주의 이름 역시 삼선대의 전설을 딴 '삼선(三仙)'이다.

두루양조장의 주인 부부는 모 공기업의 입사동기였다. 신입사원 오리엔테이션 때 보고 첫눈에 반했다는데, 발령 후 둘이 근무하는 곳이 너무 멀리 떨어지게 되었다. 여자는 충남 공주, 남자는 인천 강화의 석모도. 당시 석모도는 지금과는 달리 다리도 없는 외딴섬이었는데 주말마다 오토바이를 타고 공주를 왕래했다고 한다. 그것 참 로맨틱한 이야기다.

이 둘은 결국 결혼에 골인해서 아들딸 낳고 부모님 모시고 직장 생활하며 잘 살았다. 그러다가 좀 일찍 퇴직을 해서 40대 중반에 부모님과 아이들을 다 데리고 홍천 산골로 귀농 겸 귀촌을 했다. 귀촌 전에, 조금 거짓말을 보태서, 전국의 귀농귀촌 관련된 교육을 다 받았을 정도로 몇년간 알차게 준비를 했다고 한다. 그중 술과 식초를 귀농귀촌 아이템으로 정했다. 늘그막에 편한 생활을 찾는 귀농귀촌이 아니라 아직 힘이 한창 남아 있는 중년에 새로운 인생에 도전하는 귀농귀촌이다.

농사도 짓고 술도 빚고

흔히 남향집이 좋다고들 하는데 두루양조장과 집은 동북향이다. 우리나라 겨울은 북에서 불어오는 된바람이 맵고 춥다. 홍천은 특히나 그렇다. 해가 안 드는 곳은 4월에도 눈이 안 녹고 남아 있다. 5월에 서리가 내리는 경우도 드물지 않아서 농사짓는 기간도 짧은 편이다. 그러니까 겨울 한낮에 해를 못 보는 동북향 집은 사람이 살기에 좋은 환경은 아니다. 하지만 여름의 더위와 직사광선이 술에는 좋지 않은 조건이다보니 정남향이 아닌 동북향으로 집을 지었다. 두루양조장은 술만 하는 것이 아니라 초도 만드는데, 이 집은 사람이 우선이 아니라 술과 초를 위한 집이라 할 수 있다.

두루양조장은 소주 '메밀로'를 만드는 메밀도, 누룩을 띄우는 밀도, 술을 빚는 쌀도 직접 농사를 짓는다. 양조장 발아래에 바로 펼쳐져 있는 논에서 직접 농사지은 것으로는 턱없이 부족해서 쌀은 사다가 쓰기도 하지만, 술 빚는 재료를 농사짓는 양조가의 마음은 특별한 데가 있다. 뭐든 많이 알수록 잘 맞춰서 할 수 있다. 직접 농사지은 작물과 재료에 대한 이해도는 사서 쓰는 사람과는 다를 수밖에 없다.

두루양조장에서 나오는 '삼선'은 역시 석탄주를 기본으로 한 술이다. 석탄주는 '녹진한'이라는 말이 딱 어울리는, 달고 입에 감기는 맛이 난다. 떡이나 엿을 액체로 마시는 것과도 같은 느낌이니 맛이야 말할 것이 없지만 한가지 단점은 술로서는 좀 달다는 것이다. 이렇게 달게 되면 음식과의 궁합을 맞추는 데도 제한이 많아진다. 두

술 빚는 재료를 농사짓는
양조가의 마음은 특별한 데가 있다.

루의 삼선은 산미를 통해서 이 녹진한 단맛을 살리면서도 산뜻함을 더해서 아주 즐거운 맛의 조합을 찾아냈다.

'애석'은 맑은 술 청주다. 이 술도 삼선과 비슷한 개성으로 달고 부드러운 가운데 약간의 산미가 포인트를 주면서 밸런스를 잡는다. 애석은 한 반년 이상을 앞서 말한 방식으로 잘 숙성시키면 말 그대로 삼키기가 아쉬운 술이 된다. 홍천의 송어회나 한우 육회와의 어울림이 좋은 술인데, 이런 음식 궁합을 시도해보는 사람이 별로 없어서 그 맛을 아는 사람도 적을 것이다. 참고로 음식 궁합이라면 자꾸 무슨 공식을 찾으려는 경향들이 있는데 자기가 좋은 게 본인한테는 제일 좋은 음식 궁합이다. 많이 시도해볼수록 좋은 궁합의 경우의 수도 늘어나고 응용력도 자라날 것이다.

이 양조장의 술들 중에서도 개인적으로 특히 기대가 큰 것은 '메밀로'다. 쌀소주 위주인 현재 시장에서 쌉쌀한 메밀향을 가진 이 술이 차지하는 자리는 특별하다. 술, 특히 증류주는 숙성이 중요하다. 하지만 아직까지 업계가 일천한 탓도 있고 인식의 문제도 있어서 장기숙성된 좋은 증류주는 시장에서 만나기 힘들다. 그러니 쌀소주가 주류인 증류주들은 좀 '거기서 거기'라는 인상이 있다. 개인적으로 메밀로는 '거기서 거기'인 우리나라 증류식 소주 중에서 자기 개성이 있는 몇 안 되는 가작이라고 생각한다. 메밀소주라지만 이것도 주성분은 쌀이다. 쌀이 90퍼센트고 메밀은 10퍼센트 들어갈 뿐인데, 그 10퍼센트의 메밀이 생각보다 큰 차이를 만들어낸다.

쌀소주를 빚는 분들은 이렇게 말하면 싫어할 테지만, 전문가 입장에서 말하자면 그 '거기서 거기'에도 수많은 차이와 차별점의 단초가 보인다. 쌀소주의 차이가 충분히 발현되려면 세월이 제법 길게 걸릴 것이다. 그 세월 투자 없이 내놓은 술에는 '거기서 거기'라고밖에 드릴 말씀이 없다. 메밀로는 메밀의 쌉쌀한 향이 쌀소주에 개성을 더해준다. 동치미 막국수나 홍총떡(홍천식 메밀전병으로 무나물을 주로 쓰고 김치가 들어간 것도 있다) 같은 메밀음식에 메밀로는 중복 같을지 몰라도 의외로 강렬한 소주의 좋은 배경이 되어주는 음식들이다. 전통적인 궁합으로는 송어매운탕 같은 국물에 찬바람을 곁들이면 딱이다.

술 잘하는 집이 초도 잘한다

두루양조장에서는 발효식초도 만든다. 이곳에서 만들었던 파인애플 식초는 너무 맛이 좋아서 나는 한동안 다음 날 속이 쓰릴 정도로 마셨다. 많이 마시면 그럴 줄 알면서도 저항하기 어려운 맛이었달까. 파인애플 엑기스를 쓰는 저가 제품에 밀려 이제는 안 만드는데, 나는 식초 얘기만 나오면 부질없는 줄 알면서도 다시 만들어줄 수 없느냐고 졸라보곤 한다.

이곳에서 생산하는 현미발효초도 훌륭하다. 나는 가끔 홈메이드 감자튀김을 만들어 먹는데 여기에 이 현미식초와 곰소의 2년 숙성 소금이나 프랑스의 게랑드 꽃소금, 죽염 등을 뿌려 먹는다(요리용으로 쓰는 전용 소금이다). 피시앤칩스에 어울리는 드레싱은 본고

장인 영국식으로는 케첩이 아니라 솔트앤드비니거(salt&vinegar)다. 이때의 비니거는 와인 비니거가 아니라 곡물 식초를 쓰는 것이 표준인데 우리나라는 현미식초가 제격이다. 영국에서는 보리를 원료로 한 몰트 식초를 전통 식초로 치는데 우리나라에서 많이 수입해서 쓰는 와인 비니거와는 달리 감칠맛의 깊이 면에서는 곡물 식초가 훨씬 우월하다.

나는 두루양조장의 식초를 사용한 '초시원'이라는 음료도 개발했다. 레시피는 별것 아니지만 재료는 좋은 것을 골라 썼다. 홍천의 도라지식혜와 더불어 두루양조장의 발효식초가 톡톡히 한몫을 하는 음료다. 초가 들어가서 초, 시원해서 시원. 더운 여름에는 정말 초(super)시원하게 마실 수 있는 음료다. 홍천에서 행사장에 나갈 때 이벤트성으로 만들어봤는데 반응이 좋아서 현재는 내가 주문진에서 운영하는 예술가들과 창업가들의 협업 공간인 얼터렉티브 마켓(Alteractive Market)에서 정식 메뉴로 만들어 팔고 있다. 주문진에서는 도라지식혜 대신 비법의 시럽을 제조해서 쓰고 있다. 가만히 있지를 못하는 나의 특성상 초도 시럽도 이것저것 실험을 해보고 있지만 현재로서는 두루의 '선식초'를 쓴 레시피가 시그니처다. 초를 만들려면 술을 먼저 만들어야 하고, 술 잘 만드는 집이 초를 못하는 경우는 못 보았다.

잘 만든 양조식초의 딜레마는 좋은 줄은 아는데 비싸서 쓰기가 힘들다는 것이다. 마트에서 파는 일반 식초의 10배가 넘는 가격이니까, 쓸 때마다 손이 떨리는 것이 사실이다. 하지만 술의 경우에는 녹색병 소주나 막걸리 가격의 10배 이상인 술들을 잘도 들이부으면서 초만 비싸다고 하는 것은 역시 마인드의 문제다. 요리인으로서는 아직 멀었다고 할까.

농업과 양조의 관계

술은 보존식품이다. 알코올의 살균 효과는 냉장고가 없던 시절 최고의 보존 방식이었다. 와인의 예를 보자면 포도를 수확해서 그냥 두면 2~3일이면 뭉개지고 부패하기 시작하지만 술을 담가 항아리 뚜껑을 잘 봉해서 동굴 같은 서늘하고 볕이 안 드는 곳에 두면 별다른 기술 없이도 이태 정도까지도 마실 만한 상태로 유지가 된다(하긴 술 담그는 것 자체가 기술이다).

우리가 현대에서 체감하기 힘든 것 중 하나는 옛날에 먹을 것이 얼마나 귀했는지에 대한 감각이다. 사실 나도 1970년대 이후 대한민국에서 태어나 그런대로 형편이 나쁘지 않은 중산층 가정에서 자란 덕에 배를 곯아본 적은 없다. 하지만 그때는 중산층 가정이라도 고기반찬이나 간식을 양껏 먹을 수 있는 것은 아니었다. 먹어도 먹어도 또 먹고 싶은 시기가 있는데 이때는 밥을 배불리 먹어도 금방 배가 고프다. 하지만 요즘과는 달리 군것질이 그렇게 흔하지 않았다. 소아비만 같은 것이 전혀 이슈가 되지 않던 시절이다. 그럴진대 근대 이전으로 돌려보면 먹거리에 대한 절박함은 우리 상상을 넘어서는 수준이었을 것이다. 생산 못지않게 중요한 것이 보존이었고,

중요한 보존 방법 중 하나가 바로 양조, 술 빚기였다.

흔하다는 것은 많다는 의미다. 많기 때문에 보존의 기술이 필요하다. 그래서 어디나 가장 흔한 재료로 양조를 한다. 남유럽의 포도, 북유럽의 보리, 동아시아의 쌀 등은 모두 해당 지역에서 가장 흔한, 그 지역의 농업을 특징짓는 재료들이자 모두 보존이 필요한, 수확기가 정해져 있는 작물들이다. 대중적인 막걸리 한병(750밀리리터)에도 밥이 한공기 가까이 들어간다. 프리미엄 탁주가 되면 500밀리미터 한병에 이 두배 이상이 들어가고 청주는 여기에 또 두세배 정도가 들어간다고 보면 된다. 그럼 15도 안팎의 청주를 증류해서 45도짜리 증류주를 만든다고 생각해보자. 청주의 세배 이상이 들어간다. 500밀리미터 쌀소주 한병에 쌀 1킬로그램 안팎이 족히 들어간다고 볼 수 있다. 혼자 자취하는 사람 기준으로는 사나흘, 요즘 같은 식생활에서는 일주일은 먹고도 남는 쌀 양이다. 우리나라 막걸리 붐의 일부는 정부에서 남아도는 쌀을 소비하기 위해 장려한 데서 비롯된 것도 사실이다. 쌀 소비에는 술, 그것도 막걸리보다는 청주나 소주를 마시는 것이 대단히 효율적인 방식이다. 물론 국산 쌀로 만든 것으로 말이다.

강원도는 쌀이 귀하다. 강원도에서 한주 산업이 발달함에 따라 강원도 쌀값이 퍽 오르게 될 날이 곧 올 것으로 보인다. 지역특산주 지정을 받기 위해서는 반드시 해당 지역이나 인접 시군의 농산물을 써야 하는데 강원도는 쌀 생산량이 153,944톤으로 전국의 고작 4퍼센트다(2018년 기준). 쌀 생산이 가장 많은 전남의 4분의 1에 지나지 않는다. 술이 많이 팔리면 당연히 쌀값이 오르지 않겠는가? 참고로 스코틀랜드 위스키 산업은 국내산으로는 충당이 안 돼서 20세기 후반부터는 수입산 보리에 의존하고 있다.

농업이 모든 경제활동의 근본이었던 시대는 문명의 역사와 거의 일치한다. 자연의 한 주기는 그대로 농업의 한 주기였고, 수확한 과실이나 곡물로 1년 중 유일하게 풍성한 한때를 즐길 때 빠질 수 없는 것이 술이었다. 이렇듯 술은 문화의 가장 뿌리 깊은 근원이기도 하다.

농경시대를 벗어나 사시사철 전세계에서 다양한 먹거리가 들어오는 사회가 되었지만 술이 가진 문화상품으로서의 성격은 달라지지 않았다. 사람이 모이면 술이 있다고 해도 좋을 정도로 다양한 만남에서 빠지지 않는 것이 술이다. 사회가 다양해지면서 술이 등장하는 곳도 많아지고 술의 문화적 성격도 더 다양해졌다.

혼밥, 혼술이 유행이고 술도 자기를 표현하는 소비품이자 친구가 되는 시대다. 젊은 세대가 즐길 수 있고 더할 수 있는 문화적 그릇이 없다면 우리의 술은 그저 나이든 사람들이 좋아하는 고리타분한 문화로 사멸해갈 것이다. 그래서 굳이 전통주라는 말을 밀쳐놓고 한주란 말을 쓰는 것이다. 변하지 않는 전통은 도태될 뿐이니 전통주업계에 종사하시는 분들은 필히 이 점을 살필 필요가 있겠다.

두루양조장 테이스팅 노트

삼선

석탄주를 기본으로 해서 만든 술. 새콤달콤한 맛이 날 때가 만든 사람도 가장 좋아하고 마시는 사람들도 평이 가장 좋을 때다. 요거트 같은 느낌에 곡류의 감칠맛이 더해지면 복합적이고 보디감이 있으면서도 귀여운 느낌이 나는 술이 된다. 산미가 약하면 단맛이 너무 부각되는 느낌.

산미 | 중상 **감미** | 중상 **탁도** | 3/7 **탄산** | 중하 **도수** | 7%

애석

같은 석탄주 베이스지만 탁주인 삼선보다는 좀더 단맛이 부각되는 편이다. 하지만 잘 음미해보면 뒤로 갈수록 산미도 모습을 드러내고 곡류 특유의 감칠맛이 있어서 기승전결을 연결해나가는 술이다. 삼키기가 아쉽다는 석탄주, 그 이름이 실감나는 술.

산미 | 중하 **감미** | 중상 **감칠맛** | 중 **점도** | 중상 **도수** | 15%

메밀로

직접 농사짓는 메밀이 들어가는 소주. 아직까지 숙성이 충분하진 않지만 쌉쌀한 메밀의 향이 도와서인지 좋아하는 사람이 많다. 장기숙성을 시키면 어떤 향이 피어오를지 기대가 되는 술이기도 하다. 45도 말고 최근 25도 버전도 나왔다.

감미 | 중상 **감칠맛** | 중하 **고미** | 중상 **점도** | 중상 **도수** | 25%, 45%

술 헤는 밤

부드럽고 담백하고 매끈한 술이다. 기존의 프리미엄 라인과 차별화되는 저가면서도 술의 품격이 결코 낮지 않다. 어떤 환경과 음식과도 잘 맞는 최고의 범용성과 가성비를 자랑하는 막걸리.

산미 | 중하 **감미** | 중하 **탁도** | 중 **탄산** | 중하 **도수** | 8%

4

산수양조장

현역 한의사의 꿈 혹은 미래 계획

산수양조장이 홍천 양조장 투어의 마지막 순서인 이유는 동홍천 IC에 가까운 지리적인 위치 때문이다. 당일로 귀가할 경우에 편리한 위치다. 산수양조장은 화촌면 야시대리에 있다. 동홍천 IC에서 차로 5분 정도 걸린다. 동홍천이란 지명 때문에 이곳이 홍천의 동쪽이라고 생각할 수도 있지만 지도를 펴놓고 보면 실제로는 홍천을 동서 반으로 갈랐을 때 오히려 조금 서쪽에 있다. 그럼에도 동홍천 IC라 이름 붙인 것은 서울과 가까운 서쪽으로 무게중심이 쏠린 홍천의 현실을 보여준다. 서울을 중심으로 생각하는 생활 감각이 반영된 명칭이다.

여하튼 산수양조장은 동홍천 IC에 가까워서 접근성이 상당히 좋다. 차를 가지고 온 사람이라면 서울이나 다른 곳으로 돌아가기 쉽고 시외버스로 홍천을 방문한 사람이라면 여기서 30분도 채 안 되는 읍내 버스터미널에 내려서 버스를 갈아타면 된다(버스가 자주 있지는 않으니 계획을 잘 세워야 한다). 혹은 홍천 어딘가에 숙소를 구했다고 해도 홍천의 중심지인 여기서 가는 것이 가장 편리하다.

산수양조장의 주인장인 안병수 대표는 한의사다. 서울 마포에서 아버지가 개업한 한의원을 물려받아 운영하고 있다. 2대 원장인 셈이다. 아버지는 일주일에 한번 정도 나와 진료를 보시고 실질적으로 안 대표가 한의원을 책임지고 있다. 거기에 대한한의사협회의 임원도 맡고 있기 때문에 홍천에 내려와서 양조장 일을 보는 것도 보통은 일주일에 한번, 하루뿐이다.

안 대표는 꿈 혹은 미래 계획을 세우고 있다. 양조장을 확장하고 숙성고를 짓는 것은 산수양조장에 관한 계획이고 더 나아가 홍천에 요양병원을 열 생각도 하고 있다. 어디까지가 꿈이고 어디까지가 계획인지 현재로서는 경계가 불분명하다. 본격 귀농귀촌이라고 하기에는 아직 서울에서의 생활에 훨씬 무게를 두고 있지만 앞으로 길게 보고 하나하나 착실히 갖춰나가고 있다.

사실 나는 산수양조장에 한동안 기거를 했다. 말 그대로 여기에 살았다. 두촌면에서 임대로 운영하던 펜션이 잘 안 돼서 쫓겨나다시피 나오게 된 고약한 사정이 있었다. 그때는 이래저래 경황이 없는 상태였는데 산수의 안병수 대표가 고맙게도 세도 안 받고 양조장에 기거하게 해주어서 일단 큰 짐을 하나 덜고 그곳에 머물렀다. 내가 그 집에 기거할 수 있었던 이유 중 하나는 앞서 말했듯 안 대표가 서울에서 한의원을 운영하는 현역 한의사라 일주일에 한번 정도만 홍천에 내려오기 때문이다.

집이란 게 사람이 살면서 사용도 하고 손도 봐줘야 잘 유지가 된다. 특히나 자연과 바로 접해 있는 시골집은 더욱 그렇다. 그러니까 비워두느니 사람이 하나 있는 게 그런 면에서 도움이 된다. 나에게 양조장 공간을 내줄 때는 그런 기대도 없지 않았을 것 같은데, 사실 나야 그런 면에서는 별로 가치가 없는 인간이다. 출입문 안쪽에 집을 짓고 있던 말벌을 쫓아낸 것과 일주일에 한번쯤 집안 청소하는 것, 그리고 손 가는 대로 풀을 뽑은 정도가 내가 한 일이다. 이런 일이야 표도 안 나고 잘하지도 못하는 일이라 술이라도 좀 많이 팔아드려 은혜를 갚자고 생각했다. 뭐 그렇다고 술을 썩 많이 팔아드린 것도 아니긴 하다.

누구나 좋아하는 최고 인기 술

산수의 안병수 대표는 젊었을 적에는 술을 거의 안 마셨다고 한다. 요즘도 술은 별로 안 마신다는데, 별로라는 기준이 어느 정도인지는 몰라도 SNS를 보면 술을 아예 못 마시는 것은 아니다 싶다. 어쨌든 스스로 술은 별로 안 마신다는 한의사가 술을 빚게 된 사연은 무엇일까?

한의사에게 술은 친근한 소재다. 한의학에서는 누룩을 약으로 쓰기도 하고, 약재를 술에 타서 마시기도 한다. 그러니 술을 약으로 쓰려면 우리나라의 녹색병 술들을 안타까워하는 심정도 당연히 이해가 간다. 안 대표에게 그런 것이냐 물으니 꼭 약으로 접근한 것은 아니라는 대답이 돌아온다. 본인이 애주, 호주하는 사람도 아니고 약 삼자고 술을 빚는 것도 아니라니 왜 이렇게 파트타임이지만 직업적인 양조가가 되었는지 확 와닿는 설명은 안 된다. 어쩌면 한의사라는 직업에서 벗어나 무언가를 해보고 싶은 잠재의식의 발동일지도 모른다는 생각을 혼자서 해본다.

산수양조장에는 양조장 건물 한채와 주거용 건물 한채가 있다. 이 주거용 건물이 시음장 역할도 하고 지인들이 왔을 때 파티장 역할도 한다. 주인장이 늘 자리에 있는 것이 아니니 시음은 특별히 약속이 되어야만 가능하다. 약속 잡기는 어렵지만 이곳도 홍천에 왔으면 빼놓기가 아쉬운 양조장이다.

술은 예로부터 족보가 이어지는 '동정춘', 드라이한 탁주인 '호모루덴스', 홍천의 특산물인 잣이 듬뿍 들어간 진짜 잣막걸리 '백자주' 이렇게 세가지 술을 만든다.

처음에는 동정춘과 호모루덴스 두종류의 술만 만들었고 그중에서도 호모루덴스가 인기가 많았던 것 같다. 시장의 수요에 비해 제품이 많지 않은 드라이한 탁주라는 점에 가격도 비교적 합리적인 편이라 아마도 매출로나 출하량으로나 최고였으리라. 그런데 나 개인적으로는 호모루덴스가 아무리 마셔도 정이 안 간다. 팬이 많은 술이니까, 이건 술이 잘못되었다기보다 나의 개인 취향 문제지만 어쨌든 도저히 열심히 팔아줄 마음이 생기는 술은 아니었다(그렇다. 파는 사람도 자기 마음 가는 술을 열심히 팔고 성과도 좋다).

동정춘은 『임원십육지』 등의 문헌에도 등장하는 족보 있는 술로 본래는 가수(加水)를 많이 하지 않아서 만들기도 힘들다. 동정춘은 이화주에 버금가게 진하고 꾸덕한 술이 나오는데, 팔리고 안 팔리는 이유 역시 이화주와 비슷할 것이다. 동정춘이라는 이름을 달고 이렇게 꾸덕하게 시판된 술은 아직 없긴 하다. 산수양조장의 동정춘은 이화주보다는 제법 물기가 있고 도수도 낮아서 마시기 편하다. 단가도 낮췄다. 하지만 이렇게 되니 석탄주 계열과 경쟁하게 되는 문제가 생겼다. 시장에 비슷한 개성의 경쟁자가 많다는 얘기다.

호모루덴스와 동정춘을 잘 배합해서 만드는 '동정의 루덴스'도 가능하다. 일부 주점에서는 실제로 그렇게 만들어 파는 것으로 알고 있다. 호모루덴스는 취향이 아니고, 그렇다고 동정춘은 달아서 많이 못 마시겠다는 나 같은 사람들에게 추천할 만한 조합이다.

새로운 플래그십이라고 할 수 있는 백자주는 2017년에 출시되었다. 홍천 잣을 듬뿍 사용해서 한모금 마셔보면 술과 잣향이 같이 넘어 들어온다. 홍천 특산물 사용이라는 점도 그렇고 기존 잣막걸리에서 잣을 찾아 헤매던 분들이라면 진짜 잣막걸리 한번 드셔보시라 권하고 싶어지는 술이다. 대량생산 대중상품과 진짜 프리미엄의 차이를 느끼기에 이 잣막걸리 비교 테이스팅이 적합하다. 산수양조장의 술들은 유별난 구석은 없지만 은근히 전통의 변주에 능하다는 느낌이다. 특히 백자주의 인기가 높아지면서 이제 산수양조장의 주력 상품은 백자주가 된 듯싶다.

앞서 말했듯 개인적인 여건으로 인해서 산수양조장은 아직까지는 전면 가동을 하는 곳이 아니다. 양조장에 매일 사람이 있는 것이 아니라서 투어를 할 때도 미리 약속을 잡고 가야 한다. 다행이 안 대표가 직접 손님을 맞아주면 좋지만 아닐 때는 내가 직접 술과 양조장에 대한 설명을 하고 시음도 진행한다. 오랜 거래처이며 양조장 안팎으로도 자주 오갔고 심지어 이 양조장에 살기도 했으니 자격은 충분할 것이다.

조금은 쌀쌀한 4월 어느 날 서울에서 손님들을 인솔해서 양조장을 찾았다. 여행사 사장님들과 언론사 관계자들, 또 관심 있는 개인들 몇몇으로 이루어진 한 팀이었다. 다른 양조장들은 이미 여러번 진행한 대로 양조장 측에서 친절히 맞아주셨는데 이곳 산수는 그날 안병수 대표가 도저히 시간이 안 된단다. 그래도 여행사와 언론에서 찾는 것이라 빼놓을 수 없다 싶어서 내가 직접 진행할 테니 술만 준비해주시라 했다. 안 대표는 같은 동네 사시며 양조장 일도 돌봐주시는 정 여사님이 맞아주실 거라고 했다. 정 여사님은 나도 오가며 몇번 뵈었던 분이다.

산수양조장 현장 시음에서 역시나 가장 인기가 있는 것은 백자주였다. 호모루덴스나 동정춘도 같은 양조장의 술이니 다들 비슷한 수준일 것이고 사람의 취향은 다양하니 좋아하는 술이 다 다를 것 같은데, 고소한 잣향이 특색 있고 또 홍천이라는 장소의 오라가 더해져 그런지 백자주는 술 취향과 상관없이 홍천의 양조장 시음장에서는 누구나 꼽는 최고 인기 술이다. 술맛이란 이렇게 여러 요소가 영향을 미치는 것이라 이벤트에서 술의 선정이나 페어링은 일종의

산속 깊숙한 곳에 마련한
개인 작업장 같은 이곳은

어딘지 잣향이 어울리는 환경이다.

‘순간의 예술’적인 성격을 띤다.

산수양조장 건너편으로는 졸졸 샘물이 흐른다. 그 건너로는 야트막한, 하지만 급한 경사의 야산이 있다. 어딘지 잣향이 어울리는 환경이다. 이런 곳에서 술을 마시는 호사에 정 여사님께서 즉석에서 전까지 부쳐주는 환대를 해주시니 다들 감동해서 기분이 들떴다.

술 마시면서 건강 따지기?

나는 몸이 아파도 약을 먹거나 주사 맞는 것을 싫어한다. 병원에 가서 주사라도 맞으면 감기 정도야 금방 떨어지는 것을 모르는 바 아니지만 어지간하면 내 몸이 스스로 겪고 이겨내기를 기다리는 편이다. 그렇게 한번씩 아프면서 스스로 얼마나 몸을 막 대했는지를 돌아보며 인생사 앞에 겸손해지는 것은 덤이다.

건강 생각이 난 것은 산수양조장의 주인이 한의사라는 점 때문이다. 산수양조장의 ‘한의사가 빚는 술’은 산수양조장의 널리 알려진 특징이 되었다. 산수양조장 자체에서는 굳이 내세우지 않는 점이지만 사람들의 인식에서는 ‘특이한 일’이라는 생각이 들 법하다. 언론에 소개될 때도 이 점을 부각하여 드러내고, 사람들도 산수양조장을 이야기할 때 ‘한의사가 빚는 술’이라는 점을 빼놓지 않는다. 그런 면에서는 ‘변호사가 빚는 술’인 예술양온소의 술과도 통하는 바가 있지만, 조금 다른 것은 ‘한의사가 빚는 술’은 뭔가 건강에 좋을 것이라는 이미지가 더해진다는 점이다.

식품 마케팅을 보면 하나의 공식이 있는 것 같다. 우선 낯선 것을 설명할 때는 덮어놓고 건강에 좋다고 한다. 조선 광해군 시절에 처음 우리나라에 들어온 담배 역시 당시에는 만병통치약으로 인식되어 지체 있는 집에서는 필수품 대접을 받았다고 하니, 식품 혹은 기호품의 건강 마케팅은 그 역사가 깊다.

막걸리를 비롯한 한주에 유산균이 많은 것은 물론이다. 프리미엄급 술은 다른 술에 비해 숙취도 거의 없다. 고가의 모 화장품은 사케 양조장 주조사(酒造士)의 곱고 부드러운 손을 보고 천연발효 성분인 피테라를 발견해 화장품으로 만들었다고 한다. 실제로 양조하시는 분들을 보면 일은 중노동이고 장노년의 나이임에도 손 하나는 정말 고운 편이다. 거기에 막걸리에는 항암물질인 파네졸이 맥주나 와인보다 10~25배 더 많다는 연구 결과도 있다. 어떤 막걸리로 실험했는지 정확히는 모르지만 프리미엄급이 아닌 일반 막걸리로 했을 것 같은데, 그렇다면 프리미엄 한주에는 그 성분이 훨씬 많이 들어 있을 확률이 높다.

하지만 동시에 술은 세계보건기구(WHO)가 지정한 1급 발암물질이다. 그러니까 몸에 좋은 모든 성분을 품었음에도 술은 발암물질이다. 적당하면 약이고 지나치면 독이란 말도 있고, 산소나 물도 치사량이 있으니 무엇이든 과하면 독이 된다. 술도 적당히만 마시면 몸에 좋은 약, 과하면 독인 것은 물론이다. 그런데 이런 게 바로 물에 물 탄 듯 술에 술 탄 듯한 소리다. 지당하신 말씀인데 아무도 모르는 사람이 없고, 따라서 하나 마나 한 얘기. 어디 가서 '꼰대' 소리 듣기 딱 좋은 내용 없는 충고다.

내 생각에는 술을 마실 때 혹은 음식을 먹을 때 뭐가 몸에 좋다 나쁘다 하는 것을 너무 심각하게 따지지 않았으면 좋겠다. 몸의 어떤 곳이 안 좋거나 어떤 영양 성분이 필요하다면 약을 먹거나 건강기능식품류를 먹으면 된다. 다들 임상실험까지 거쳐서 관계기관의 인증을 받은 약성이 있는 것들이다.

일상생활에서 신경 써야 할 것은 균형 잡힌 식생활이지 몸에 좋다는 무언가를 찾아다니는 것이 아니다. 술 마시면서까지 '몸에 좋은 술'을 찾아 건강 타령할 것은 없겠다. 뭐가 몸에 좋다고 파는 사람은 그다지 신뢰하지 않는 것이 좋다. 그런 건 다 조선시대 담배 먹던 시절부터 내려온 마케팅이다. 약은 약사에게, 진료는 의사에게, 음식은 과하지 않고 치우치지 않게 먹으면 그만이다. 식품 대기업이나 쇼닥터들이 무슨 성분 한가지를 가져와 쏟아내는 침소봉대 마케팅을 진짜로 믿고 우왕좌왕 쏠려 다니는 것 자체가 건강에 해로운 일이다.

좋은 쌀로 정성껏 빚어 첨가물도 없이 오랫동안 숙성시킨 한주가 대기업 공장에서 돈 벌려고 뭔가 쥐어짜서 뽑아내고 어떻게든 유통기한 늘리려고 여러가지 기술을 구사한 소주, 맥주보다 훨씬 몸에 좋다는 건 사실이지만 말이다.

이상 네 양조장이 홍천 한주 양조장 투어 내용의 기둥이다. 1박 2일 정도 코스로 추천하지만 정 시간이 안 된다면 하루에도 돌아볼 수 있다. 여기에 하이트진로 강화공장 견학을 한다거나 너브내 와이너리를 가보는 코스도 곁들일 수 있고 송어나 한우, 막국수 등 홍천의 먹거리를 추가하고 수타사나 물걸리사지 같은 문화재를 둘러볼 수도 있다. 팔봉산이나 공작산 산행, 용소계곡, 미약골의 홍천강 발원지 방문도 가능하다(말이야 바른말이지 시음은 산행 후가 최고다). 가을에는 유명한 명개리 은행나무숲을 걷는 것도 좋을 것이다. 양조장만 돌기보다는 좀 여유를 가지고 이런 곳들도 가보시길 권한다. 10여년째 전국을 돌면서도 그저 양조장과 식당만 찾아다니느라 지역의 문화재나 공원도 제대로 못 가본 사람이 드리는 말씀이다. 다행히 홍천에서는 주민으로서 1년이 넘게 살다보니 좋은 곳들을 많이 가볼 수 있게 되었다. 인생은 여행이라고, 이제 어디 살든 다 여행이라고 생각하고 살게 되었다.

산수양조장 테이스팅 노트

호모루덴스

술은 좀 써야 맛이라지만 이 술은 참 쓰다. 쓴맛이 모든 인상을 정하고 거기에 신맛이 쓴맛을 도와서 좀더 까칠한 인상을 만들어준다. 단맛은 정신을 모두어 찾아야 할 정도이고 감칠맛은 쓴맛에 좀 가려진, 혹은 '씁쓸한 감칠맛'이라는 느낌이다. 개인적으로는 좋아할 방법을 못 찾은 술이지만 이 술의 마니아층도 제법 두텁다. 술은 쓴 맛에 먹는다는 말도 당당한 정론이니까.

산미 | 중하 **감미** | 하 **탁도** | 중 **감칠맛** | 중하 **도수** | 12%

동정춘

달고 꾸덕한 옛날 스타일 동정춘보다는 조금 마시기 편하게 물기가 많은 술이다. 단맛이 강해서 음주용으로는 호오가 좀 갈리겠지만 음식과 타이밍을 잘 안배하는 솜씨가 있다면 사랑받을 술이다. 이것도 역시 산미가 조금 올라와 새콤달콤한 그때가 최적의 음주 타이밍이라는 것이 개인적인 의견이다. 이런 스타일의 술이 업계에 과편중된 것이 문제라면 문제. 가수를 좀 하다보니 석탄주와도 비슷한 스타일이 되었다.

산미 | 중 **감미** | 상 **탁도** | 4/7 **감칠맛** | 중 **도수** | 8%

백자주

먼저 잣향이 충분하다는 것을 강조하고 싶다. 고소하고도 부드러운 잣향이 산미가 살짝 올라 새콤달콤한 술에 얹혀지면 계속 손이 가는 맛있는 술이 된다. 반면 산미가 아직 올라오지 않은 단계에서는 잣의 기름기가 조금은 느끼하다고 느낄 수도 있는 조합이다.

산미 | 중상 **감미** | 중상 **탁도** | 중 **감칠맛** | 중 **도수** | 10%

5

홍천 양조장 투어의 숨어 있는 한뼘

옥선주조가 다시 움직일 날을 기다리며

홍천 양조장 투어에서 본격적으로 소개하기는 어렵지만 그냥 넘어가기도 아쉬운 곳이 있어 두곳을 간단히 언급하고자 한다. 지금은 운영하지 않는 옥선주조와 포도와인을 생산하는 샤또나드리다.

옥선주조는 홍천군 동부의 서석면에 있다. 대한민국 식품명인 3호, 강원도에서는 유일하게 술로써 식품명인 인정을 받은 곳이지만 지금은 가동을 하지 않고 있다. 이미 몇년 전에 이곳이 사업을 중단했다는 이야기는 들었는데, 마침 홍천에 들어가 살게 된 곳이 서석면이라 짬을 내어 들러보았다.

사무실에 들어가보니 휴거라도 일어난 듯, 2012년 어느 때까지의 일정표와 서류가 남아 있고 술 샘플도 있는데 그후로 아무런 일이 일어난 흔적이 없었다. 2012년이면 사업을 중단한다는 소식을 들었던 그때가 맞는다. 동네에서 들은 사연을 확인을 거치지 않고 옮기기는 그렇지만 요는 마을 사람들의 공동 투자로 세운 양조장이 잘 되지 않아서 여러 사람이 몸 고생 마음고생을 했다고 한다. 물론 창업자이자 운영자인 고(故) 이한영 명인의 고생이 제일 심했던 것은 말할 것도 없다. 이한영 명인은 이용필의 자손으로 어머니로부터 술 빚는 것을 배워 1994년 식품명인 지정을 받았으나 자금 등의 문제로 사업화는 엄두를 내지 못했다. 그러던 중 홍천의 지인들이 돈을 모아 양조장을 설립하고 의욕적으로 사업을 수행했으나 2000년에 작고했다.

옥선주는 그저 무작정 옛날부터 내려오는 전통주는 아니고 나름 뚜렷하게 근거를 제시하는 술이다. 조선 제26대 왕인 고종 때 이용필이 괴질에 걸린 부모에게 자신의 손가락을 잘라서 나오는 피와 허벅지 살을 떼어내 먹여 병을 낫게 하자 왕은 그에게 정3품 통정대부 벼슬을 내렸다. 그래서 그가 집에서 빚어오던 '옥촉서약소주(玉蜀黍藥燒酎)'를 고종에게 진상했는데 이때부터 옥선주의 이름이 널리 알려지게 되었다고 한다.

'옥촉서약소주'의 옥촉서(玉蜀黍)는 옥수수를 뜻한다. 멥쌀과 옥수수를 써서 내린 소주로 당귀와 황기 등도 들어간다. 내가 세발자전거에서 팔던 시절에는 증류주임에도 술마다 편차가 제법 커서 판매에 애를 먹었던 기억이 있다. 판매가 잘 안 된 이유 중 하나였을 것이다. 무엇보다 큰 이유는 한주 시장이 아직 무르익지 않아서였겠지만.

옥선주조는 프리미엄 한주 증류소로는 상당한 규모다. 1,000리터

용량은 족히 되어 보이는 감압식 증류기(로 짐작된다)가 시간의 먼지를 뒤집어쓰고 서 있다. 그 규모를 보면 운영비가 생각보다 많이 들었겠고 그것이 부담이 되었겠다는 생각이 들어 오히려 서글프다. 언젠가 이 옥선주조가 다시 움직일 날이 올 것이다. 이런 프로젝트야말로 지자체에서 예산이라도 내고 도시에서 의욕 있는 청년들을 불러 모아 지자체 재생사업으로 해보기에 좋지 않을까 하는 생각만 한다. 이제는 시장도 제법 성장을 해서 판로도 넓어졌고 젊은 감각의 문화가 어우러지면 상당히 유력한 상품일 것인데 말이다. 언젠가는 젊고 의욕 있는 양조가와 좋은 상품 기획력, 그리고 전통과 홍천의 산물들이 어우러져 다시 부활하는 옥선주조를 꿈꾸어본다.

포도농사꾼의 와이너리, 샤또나드리

샤또나드리는 딱히 한주라고 하기에는 애매한 포도와인을 만드는 곳이기도 하고, 양조장이 자리잡은 홍천 서면은 다른 양조장들과의 거리가 한참 멀어서 동선 짜기도 애매해서 망설였지만 역시 소개를 하고 넘어가야 할 곳이다. 샤또나드리도 술에 관심이 있는 사람들이라면 한번 방문해볼 것을 권한다.

이 양조장의 특징은 포도 와이너리로서는 우리나라의 북방한계선을 그리고 있다는 점이다. 영하 20도 이하로 내려가는 일도 있는 홍천에서 포도농사를 짓고 와이너리를 운영하는 것은 특별한 노하우가 필요하다. 이런 노하우는 임광수 대표가 누구보다 뛰어난 포도농사꾼이라는 점에서 기인한다. 강원도 농업기술원에서 개발한 포도품종들을 시험 재배하고 묘목을 기르는 육묘농이기에 다른 농가들이 생식용 포도로 와인을 만들 때 청향이나 블랙스타 등의 신품종을 사용해서 좀더 품격 있는 술을 만들 수 있다. 우리나라는 기후 여건상 카베르네 소비뇽이나 멜롯, 시라 같은 국제적인 양조용 품종이 잘 되지 않기에 생식용 포도로 와인을 만든다. 생식용 포도라고 해서 양조용 포도보다 재배가 쉬운 것도 아닌데, 당도도 탄닌도 약하다보니 기존의 와인 문법에서는 높은 점수를 받기가 쉽지 않다. 이런 포도로 와인을 만드는 것은 천상 맛의 가치관을 다시 정립해야 하는 인문학적 도전에 가까운 일이다.

다른 방법은 우리나라 기후와 토양에 맞는 양조용 품종을 개발하는 것인데 바로 그런 최첨단의 전선에 서 있는 포도농사꾼이 운영하는 와이너리가 샤또나드리다. 신품종 와인을 적용한 술은 결과물이 상당해서 와인 전문가들도 선뜻 지갑을 연다. 술이 잘 팔리는 것은 축하할 일이지만 아직 미숙한 상태에서 술이 다 소비되어버려 좀 아쉽다. 그만큼 잠재력을 기대할 만한 술들이 나온다. 임 대표의 노력으로 우리나라 와이너리의 북방한계선은 장차 꽤나 북상할 수 있을 것으로 보인다.

양조장은 시음시설이 따로 갖추어져 있고 안주인 이병금 씨가 자상하게 시음을 리드한다. 상그리아 만들기 체험 프로그램도 가능하다. 양조장과 더불어 가족나드리펜션도 운영하고 있어서 아예 편하게 술을 마시고 1박을 하기에도 좋다. 때로 예술이 어우러지는 팜파

티(farm party)도 벌이고 있으니 이때를 이용해서 찾아보는 것도 좋겠다.

샤또나드리 너브내와인
강원도 홍천군 서면 팔봉산로 811-28
010-4173-2908

홍천의 음식과 술 이야기

여행의 묘미 중 하나는 음식이다. 음식이라면 나도 할 말이 많은 사람이다. 이왕 홍천 쪽 여행을 시작했으니 홍천의 대표 먹거리 몇 가지를 소개하면서, 술과 함께하는 여행이니 술과의 페어링 이야기도 덧붙이면 좋을 것 같다.

강원도 하면 일단 막국수가 유명하다. 막국수가 강원도에만 있는 것은 아니지만 막국수 하면 감자나 옥수수와 마찬가지로 강원도의 음식이라는 이미지가 강하다. 강원도에 막국수집은 참 많기도 하고, 전국구로 유명한 곳도 각 시군마다 서너군데, 그 이상씩은 있게 마련이다. 나도 맛있는 집 찾아다니기를 즐기는 사람이지만 10년 넘게 맛집을 찾아다니며 느낀 바는 남들이 잘 모르는 나만 아는 맛집이란 참 찾기 힘들다는 것이다. 하지만 막국수의 경우에는 초야에 은거하는 고수들이 수두룩하다. '특종'의 보고라고 할 수 있다. 강원도에 와서 좀 오래된 듯 허름한 막국수집 있으면 한번 들러보시라. 의외로 보물 같은 집을 발견할지도 모른다.

막국수와 어울리는 한주 페어링 같은 것은 애써 떠올리려면 뭐든 만들 수는 있겠지만 사실 거의 생각해본 적이 없는 주제다. 강원도에서 어디 나갈 때는 거의 차를 타고 가야 하고, 막국수는 또 주로 점심으로 먹는다. 막국수집에 소주, 맥주, 막걸리 정도야 있지만 애초에 술 마실 생각 자체가 안 드는 환경이다. 게다가 물막국수는 어차피 국물이 흥건해서 목이 마르긴커녕 물배를 채워 나오니 마실 것이 그리운 적은 없었다. 막국수는 그냥 건전하게 즐기는 식사로 놔두는 것이 나의 페어링이라면 페어링이다.

반면 두부는 페어링을 할 여지가 많다. 홍천은 잣이 많이 나는 곳이고, 이곳의 잣두부 또한 일품이다. 홍천, 가평 쪽을 갔다면 꼭 먹어봐야 할 음식 중 하나다. 들기름의 고소함과 어울리려면 청량감 있는 막걸리가 좋을 것 같고 담백한 두부를 베이스로 해서 술이 살아나는 궁합을 찾는다면 청주나 증류주도 좋을 것이다. 페어링이란 것이 무슨 공식이나 정설이 따로 있는 것이 아니다. 술이 주인공이냐 음식이 주인공이냐, 또 여러가지 음식을 먹을 때는 어떤 순서로 먹고 마시게 되느냐, 그날 모임의 목적, 함께하는 사람이 누구냐 등에 따라서 다양한 구성이 가능하다. 그런 연출력을 갖추려면 뭐에는 뭐가 어울린다는 식의 단편적인 페어링 지식으로는 갈 길이 멀다.

잣두부와 들기름을 주인공으로 삼는 페어링으로는 드라이한 호모루덴스가 생각난다. 부드럽고 미끈한 식감과 까칠하게 씁쓸한 맛이 있는 술의 대비가 그럴듯하다. 두부 맛에 드라이한 탁주가 악센트를 준다는 느낌 정도의 역할이다.

반면 술이 주인공이고 잣두부가 그 술을 살려주는 페어링 방법이라면 단맛에 침향 같은 쌉쌀함이 피어오르는 동몽이 좋을 것 같다. 혹은 송화주도 훌륭한 궁합이고, 생강주는 청주와 탁주가 다 잘 어울릴 것 같다. 포인트는 역시 약간의 씁쓸함과 부드럽고 미끈한 식감의 대비다. 이 경우에는 술이 너무 차면 곤란하다. 냉장보관하던 술을 마시게 된다면(그리고 아마 대개 그렇겠지) 실내온도 정도가 될 때까지 기다리는 것이 좋다. 두부와 술의 온도 차이가 너무 나면 술이 입안에서 급격히 데워져서 감각이 술을 놓칠 수 있다. 술이 주연이라지만 이렇게 음식에 맞춰야 하는 것은, 주연배우가 오히려 분장이며 의상이며 할 것이 더 많은 이치와도 같다.

내가 추천하는 마지막 음식은 송어다. 홍천에는 꽤 괜찮은 송어집이 몇군데 있다. 송어는 먹는 방법이 다양하니 거기에 따라 페어링도 달라진다. 송어회와는 물론 청주다. 송어는 붉은 살 생선이라 광어나 우럭같이 흔히 먹는 횟감에 비해서 감칠맛이 더한 편이고 지방이 많아서 고소하며 식감도 부드럽다(썰기 나름이지만). 그래서 송어회와 같이 마실 술로는 동짓달 기나긴 밤이 떠오른다. 송어회의 맛을 가리지도 않고, 그렇다고 술이 튀어나오지도 않는 좋은 밸런스가 생겨날 것 같다. 술이 너무 담백하거나 달지 않은 것을 고르는 것이 포인트. 적당한 드라이함이 있으면서 색과 향에서 캐릭터를 주는 술들이 좋겠다.

홍천 한우를 따로 언급할 필요는 없지 싶다. 허영만 화백의 만화

『식객』에 나오는 그 명품 한우의 모델이 홍천 서석면의 한우라는 정도만 말해도 충분하지 않을까. '이밥(쌀밥)에 고깃국'을 뒤집으면 '막걸리에 쇠고기 구이'가 된다. 한국인에게는 낯익고도 편안한, 영혼의 페어링일 것이다.

충주,
고수들의 집결지

홍천에서 충주로

화창한 5월의 봄날이었지만 홍천 산골의 아침은 아직 쌀쌀했다. 시골에 살면 삶의 밀도가 많이 떨어진다. 그 부분을 채우는 것은 어쩌면 안일함이 선사하는 행복이 아닐까. 누가 시키는 대로 해야 하는 의무 대신, 화폐로 환산되는 시간 대신, 자기가 하고 싶은 일을 할 수 있는 자유는 돈으로 살 수 없는 소중한 행복이다. 하지만 그렇게 안일한 채로 스스로를 오래 방치하면 무기력이 찾아들기도 한다. 아직 이룬 것이 없는 인생이기에 그럴 것이다. 혹은 인생이란 동전의 양면을 적당히 돌려가며 살아야 재미와 활기가 있는 것이어서 그럴지도 모른다.

이 좋은 날, 해가 제법 오른 시간에 눈이 떠졌다. 오늘 하루는 장 봐다가 밥이나 해먹고 커피 내려 마시고 저녁에는 야구나 보면서 노닥여볼까 생각하다가 통장 잔고와 여러가지 치러야 할 것들의 일정을 떠올리자 번쩍 정신이 든다. 놀 때가 아니다. 빨리 취재하러 가야지. 글 써서 돈 벌 것은 아닐지라도 말이다.

이번 취잿길에는 동행이 있다. 한주 전문 바를 차릴 계획을 가지고 있는 송인정필 씨, 남해안에도 같이 갔던 그 친구다. 술 공부를 하겠다고 여기까지 왔다. 나와 마찬가지로 이룬 것은 별로 없고 치러야 할 것은 많은 백수 동행인에게 오늘은 허하지 않은 하루를 채워줘야 할 것 같은 의무감이 든다. 그에게 한주 공부를 시켜준다고 약속했으니 어디로든 가자, 떠나자!

하고 많은 곳 중에서 충주를 목적지로 정한 이유는 홍천에서 당일치기가 가능한 곳이기 때문이다. 내가 머물던 홍천의 산수양조장에서 충주까지는 딱 100킬로미터, 국도로 다녀도 차가 드문 곳이라 오가기가 수월한 편이다. 넉넉잡아 차로 1시간 반이면 갈 수 있다. 그러니까 오전에 떠나서 양조장 두곳 정도 취재하고 잘하면 저녁 전에 홍천으로 돌아올 수도 있을 법한 코스다. 멀리 가서 맛있는 음식 챙겨 먹고 하룻밤 자는 것도 재미있지만 지금은 취재가 우선이라 가까운 곳부터 가자 싶었다.

1

담을양조장

도자기 마을에 자리잡은 양조장

우리의 첫번째 목적지는 담을양조장이다. 담을양조장이 자리잡은 충북 충주시 엄정면 도자기 마을은 홍천에서 가장 가까운 곳이라 우선 이곳을 들르기로 했다. 서울에서 올 때도 북단의 엄정이 가까운 편이다.

사실 양조장 이름도 잘 몰랐다. 서울 양재 AT센터에서 열린 '대한민국 우리술 대축제'에 전시가 되어 처음 만난 주향 소주는 인상이 퍽 괜찮았다. 1억원이 넘는다는 독일제 증류기를 들여와 소주를 내린다는 부러움 섞인 풍문도 들었다. 그때 대표님 아들 이화설 씨와 인사를 나누며 명함을 교환했는데 어디다 뒀는지 기억이 없다. 한번은 가봐야지 하고 분명히 기억을 해둔 곳이라 연락처를 '단디' 챙겼을 만도 한데 어찌된 일인지 핸드폰에도 연락처가 없었다. 주로 핸드폰 명함 앱에 연락처를 입력해두고 명함은 버리기 일쑤인데 아마 빠뜨렸는지, 시간도 한참 지난지라 찾기는 요원해 보였다.

궁여지책으로 소주 이름인 '주향(酎鄕)'으로 검색해보니 '윤두리 공방'이라는 이름이 튀어나왔다. 이름에서 풍기는 이미지가 벌써 양조장이 아니다. '공방'이라는 이름을 붙여서 정식 양조를 하는 경우도 드물뿐더러 게다가 위치가 충북 충주시 엄정면의 '도자기 마을'이었다. '음, 여기는 아닌 것 같은데…' 하면서 곰곰 되짚어 생각해보니 술을 빚는 분들이 원래 도예를 하신다던 얘기가 기억이 났다. 그렇다면 여기에 양조장이 있을 수 있겠다 싶어 좀더 찾아보니 '주향'이라는 이름의 소주를 생산하는 양조장이 이 윤두리공방과 같이 있었다. 윤두리공방에 전화를 걸어 약속 날짜를 잡았다. 흔쾌히 방문을 수락하는 목소리에 기분이 좋아졌다.

SNS와 한주 시장

예전 같았다면 연락이 어려웠을 텐데, 인터넷 덕분에 그나마 쉽게 찾을 수 있었다. 세상은 어떤 면에서는 지독히도 변하지 않는 것 같지만 또 어떤 면으로는 정말 빨리 변한다.

인터넷의 발달로 물건 팔기가 옛날보다 쉬워졌다고 해도 디자인이다, SNS다 해서 할 일도 늘어난 것이 사실이다. 인터넷으로 홍보를 할 수 있게 된 덕에 옛날에는 접근 자체가 어려워 아예 신경 쓸 필요가 없던 '매체'(media)를 다룰 줄 아는 능력이 필요해졌다.

SNS를 사용하는 사람들이 늘어나면서 주 사용층에 대한 구분도 가능해졌다. 구매력과 연령대를 중심으로 분류해보자면 SNS를 활발히 사용하고 구매력이 큰 세대(40~50대), SNS를 사용하지 않지만 구매력은 큰 세대(60대 이상), SNS를 활발히 사용하지만 현재의 구매력은 떨어지는 세대(20~30대)로 나눌 수 있다. 좀더 세분화해보면 각 세대가 주로 이용하는 SNS 매체가 또 다르다. 대략 60대 이상은 전반적으로 SNS 사용률이 떨어지고 블로그나 인터넷 카페, 카카오톡 단체대화방 등을 주로 활용한다. 40~50대는 페이스북이 대세, 20~30대는 인스타그램과 유튜브를 주로 활용하는 것이 특징이다. 물론 아주 도식적인 분류다.

그렇기 때문에 내가 만든 술을 돈 내고 살 사람을 찾자면 훨씬 더 세밀한 타깃 설정이 필요하다. 술도 일종의 문화상품이다. 각각의 타깃 그룹에 접근하기 위해서는 무엇보다 문화코드가 잘 맞아야 한다. 정보의 홍수 속에서 '좋아요'만 누르고 휙휙 넘어가는 게시글에 눈길을 멈추게 만들기 위해서는, 그것이 구매 결정으로 이어지게 하기 위해서는, 보는 사람을 확 사로잡는 무언가, 그 코드를 연결하는 능력이 있어야 하는 것이다.

인터넷, 구체적으로는 SNS 덕에 한주 시장이 커지고 있는 요즘, 한주 시장은 이렇게 도식적인 구분으로 파악하기에는 좀 복잡한 분화가 일어나고 있다. 사실 구매력과 구매의사가 늘 일치하는 것은 아니어서 요즘 프리미엄 한주에 대한 구매의사가 가장 강한 세대는 2030 세대다. 최근 외식업 전반의 업황 부진에도 불구하고 강남, 홍대, 이태원 등 젊은이들이 모이는 상권에 한주 전문점이 늘어나고 있고, 인터넷을 통한 구매의 수요자들도 2030 세대가 주를 이루고 있다. 심지어는 최근 한두해 사이에 부쩍 다양성과 매출이 늘어난 마트의 한주 매대에서 소비를 이끄는 것도 2030 세대라는 분석이 나와 있기도 하다.

그래서인지 최근 빠르게 성장하는 곳들을 보면 주로 이대(二代) 합작의 양조장들이다. 도식적으로 말하자면 제조는 주로 부모 세대가 담당하고 마케팅은 자식 세대가 담당하는 것이다. 요즘 술 빚는 집들 중 '잘되는 집'의 전형이다. 이렇게 말하면 기능적으로 분화된 것같이 들리기도 하는데, 일견 틀린 말은 아니지만 상품을 개발하고 홍보하는 과정에서 두 세대의 의견이 충돌과 타협을 반복하며 결국은 조화되어 반영되는 경우가 많아서 자연스러운 전이가 이루어지기도 한다. 아예 한쪽의 의견을 고스란히 반영하여 새로운 상품을 만들 수도 있을 것이다. 같은 양조장에서 완전히 다른 고객층을 겨냥한 A제품과 B제품이 출시된다면 어떨까. 자연스레 세컨드 브랜드가 형성되는 케이스라고 할까?

양조장은 자본과 기술이 필요해서 진입 장벽이 높은 편이지만(식당 창업보다 훨씬 어렵다고 보증할 수 있다) 청년 세대가 부모 세대의 도움 없이 창업하는 경우도 늘어가고 있다. 어쨌거나 같은 세대끼리 문화도 잘 통하고 이해가 빠른 법이니 지금 청년 세대가 창업한 양조장들은 앞으로 좋은 고객층과 같이 세월을 겪어나갈 것이라는 점에서 보면 이전 세대의 양조장보다 훨씬 좋은 조건이라고 할 수 있다.

그릇도 빚고 술도 빚고

윤두리공방 대표 이재윤 씨와 담을양조장 대표 윤서예 씨는 부부다. 이재윤 대표의 이름 '윤'과 윤서예 대표의 성씨 '윤'을 합쳐 윤이 둘이라 하여 윤두리공방이라고 이름을 지었다 한다. 내가 명함을 주고받았던 아들 이화설 씨는 여기서 도자기를 굽고 술을 빚는 일을 돕고 있다.

양조장 '담을'의 공식 대표는 윤서예 씨지만 사실 일은 모두가 같이 한다. 윤두리 부부가 술 공부를 한 지도 벌써 10년이 넘었다. 10년 전이면 현재 이름을 떨치는 전통주연구소, 막걸리학교, 가양주연구소 등을 비롯한 여러 교육기관들도 아직 지금과 같은 틀을 잡기 전이다. 이 부부가 술을 배운 곳은 우곡양조종합연구소다. 서울 양재동에 있는 우곡양조종합연구소는 국순당의 초대 회장인 고(故) 배상면 씨가 세운 곳으로 양조기술을 배우는 장소로는 가장 크고 오래된 곳이라 할 수 있다. 그곳에 가서 술을 배울 때 본인들은 도자기 빚는 사람이라며 본업을 소개하자 배상면 회장이 술은 발효가 20, 숙성이 80인데 자기가 갖고 있는 그 많은 술그릇들 중 마음에 꼭 드는 것이 하나도 없다며 대뜸 술 숙성용기를 만들어보라 권했다고 한다. 술 숙성용 독이 따로 없던 시절이었으니 배상면 회장 입장에서는 그들이 도자기를 빚는다는 소리가 반가웠고, 그래서 술 익히는 독을 만들어보라고 했던 것 같다. 실제로 당시 국순당의 양재동 사옥 옥상에는 국내는 물론 외국에서까지 사 모은 숙성용기들이 한가득 놓여 있었다고 한다.

윤두리 부부는 술 공부를 하면서 술에 맞는 그릇도 꾸준히 연구했다. 술 빚는 그릇, 특히 숙성을 하는 그릇은 쌀과 누룩이 물과 뒤섞여 술이 되기 시작하는 시점부터 상품용 용기에 담기기 전까지 술이 가장 오랜 시간을 보내는 장소다(3~5일 숙성시켜 출하하는 저가 막걸리의 경우는 그렇지도 않지만).

특히 증류주의 숙성은 술의 품질을 좌우하는 중요한 과정이다. 윤두리 부부는 술을 빚어 내리고, 그 술을 그릇에 담아 숙성시키는 과정을 무수히 거듭했다. 시도와 실패를 반복하며 10년의 세월을 보내고서야 드디어 마음에 맞는 술그릇을 안정적으로 생산할 수 있게 되었다. 그렇게 만들어진 술그릇에서 숙성의 시간을 거쳐 나오는 술이 '주향'이다. 술과 그릇을 둘 다 아는 사람들이 오랜 실험과 연구를 거쳐 만든 술독이라 지금은 주향의 숙성용 옹기를 쓰는 양조장이 늘어가고 있다. 물론 개중에는 이곳의 용기 몇개를 샘플로 사다가 더 싸게 만들어준다는 곳에 주문하는 경우도 있다고 하는데, 정말 아무것도 모르는 사람의 어리석은 행태가 아닐 수 없다. 술그릇의 효용은 외형에서 나오는 것이 아니기 때문이다.

증류주의 승부수

윤두리공방의 술그릇 이야기를 더 이어가기 전에 술 이야기를 잠시 해야겠다. 발효가 20 숙성이 80이라는 배상면 회장의 이야기도 했지만, 술을 잘 아는 누구라도 증류주의 품질을 좌우하는 가장 중요한 요소를 딱 한가지를 꼽으라면 숙성이라고 답할 것이다. 증류주에 있어 숙성은 자연배양한 전통누룩을 사용하느냐 인공적으로 균을 배양하여 번식시킨 입국을 사용하느냐보다 더 중요한 문제라고 본다. 이는 증류주의 무게중심을 어디에 둘 것인가의 문제이자 앞으로 술이 어떻게 발전해가야 할 것인가에 대한 답을 제시하는 과정이다.

근래 나오는 프리미엄급 증류주들의 문제는 과도하게 기주(基酒, 증류하는 데 쓰는 밑술)의 우월성을 내세우는 데 있다. 3회에 걸쳐 빚었다는 삼양주(三釀酒), 5회에 걸쳐 빚었다는 오양주(五釀酒) 등으로 홍보하며 내놓는 술들이 대표적이다. 술을 빚을 때 좋은 기주를 쓰는 것 자체는 나쁘지 않은 시도지만 기주의 고급화 전략으로'만' 시장에서 호응을 얻을 수 있다고 생각하면 착각이 아닐 수 없다.

다시 말하지만 무엇보다 증류주의 품질을 결정하는 데 있어서 가장 중요한 요소는 숙성이다. 아무리 강조해도 지나치지 않다는 표현이 있는데, 지금 내 마음을 그대로 대변하는 말이라고 생각한다. "증류주의 품질을 결정하는 데 있어서 가장 중요한 요소는 숙성이다"라는 문장을 이 책 한면에 빼곡히 도배하고 싶다. 아니면 세번쯤만이라도.

증류주는 스카치위스키가 12년, 17년, 30년 등 숙성 햇수를 내세운 마케팅을 선도하고 있고, 그 세월을 따라잡으려고 미국산 위스키를 비롯한 다른 나라의 위스키 산업에서는 기술개발과 다양한 시도를 활발히 진행하고 있다. 현대 자본주의 사회에서 15년, 20년, 그 이상을 내다보고 상품을 개발한다는 것이 쉬운 일이 아님은 이해한다. 사실 스카치위스키의 경우도 먼 미래를 내다보고 개발한 것이 아니라 불황에 안 팔리던 술들이 묵어서 좋아진 것뿐이라고 해도 과언이 아니다. 스카치위스키의 성공으로 요즘은 아예 전략적으로 오랜 기간 숙성을 해서 한병에 수천만원쯤 하는 스페셜 에디션을 만들어 파는 곳도 있다. 이런 프리미엄은 단순히 오래되어 술맛이 좋아졌다라는 것 이상의 문화적 가치에서 나온다. 여러가지 기술로 맛은 모방할 수 있지만 세월과 전통은 살 수 없다. 그런 면에서 초음파를 사용한다느니 온도의 변화를 이용한다느니 혹은 오크칩이나 추출향 등의 방법으로 오래된 위스키의 맛을 그대로 재현했다는 식의 이야기를 들으면 실소를 금할 길이 없다. 이는 위스키라는 상품의 가치가 맛에서만 나오는 줄 아는 소견으로 이런 마인드로 만든 술이 프리미엄주 시장에서 성공할 가능성은 거의 없다.

어쨌든 스카치위스키를 두고 누구도 '우리의 기주는 이렇게 좋아요' 하고 자랑하지 않는다. 기주의 우수성이 술의 품질에 미치는 영향이 없는 것은 아니나, 그 역할은 증류 과정에서 이미 홀쭉해지고 숙성 환경과 시간을 거치며 빛이 바랜다. 거기에 블렌딩까지 하게 되면 솔직히 기주라는 개념 자체가 잘 곰삭은 멸치젓갈의 뼈같이 되어버린다. 그렇기 때문에 대체로 기주는 가성비를 고려해 적당한 품질을 유지하고 숙성에 총력을 기울인다. 지금 국내에 출시된 소주들 중 기주의 우수성을 강조하는 술들이 이런 외국 술들과 비교해 품질이 그만큼 우수한가를 따져본다면 숙성 과정에서의 한계가 드러난다. 10년, 20년 등 숙성 햇수에 따른 마케팅은 품질이라는 측면에서도 근거가 뚜렷하고, 문화적인 가치를 지닌다는 면에서는 더욱 그러하다.

10년 적공으로 태어난 숙성용기

모든 양조장은 좋은 술독을 쓰고 싶어하지만 술독을 제대로 만드는 곳이 별로 없다. 우선 '제대로 된 술독'이라는 것이 무엇인지에 대한 정의 혹은 합의조차 없는 상황이다.

10년의 적공(積功)으로 태어난 담을의 숙성용기는 슬쩍 보기에 별로 특별한 것이 없다. 길쭉한 모양이 어딘가 태가 다른 느낌을 주지만, 그것도 나 같은 문외한의 입장에서는 흙을 업으로 만지는 사람이라면 따라하지 못할 것까지는 없어 보인다. 담을의 숙성용기는 유약을 바르지 않고 흙으로만 구운 도기, 즉 질그릇이다. 유약을 바르지 않으면 미세한 구멍을 통해서 도기가 숨을 쉰다. 이 '숨을 쉰다'는 특성이 숙성용기로서의 도기가 가진 가장 큰 효능이다. 참고로 유약을 발라 구운 것을 자기(瓷器)라고 한다. 그런데 생각해보면 자기에 뭔가를 넣어 숙성시키는 경우는 거의 못 본 것 같다. 고추장 등 장류를 자기에 담아둔 것을 본 적은 있지만 그건 숙성용이 아니라 보관용이라고 보는 게 맞는다. 술뿐만 아니라 무릇 무엇인가를 숙성시키는 용기에는 유약을 바르지 않는다. 유약을 바르면 유리질이 표면을 덮어버려서 전혀 통기가 되지 않기 때문이다.

그릇을 빚는 일 역시
습도와 온도 등 온갖 변수에 따라
상태가 달라진다고 하니
술 빚는 어려움과 어쩌나 똑같은지.

세상에 도기는 많지만 '주향'을 숙성시키는 것과 같은 도기는 없을 것이라고 이재윤 대표는 자신한다. 비결은 도기에 있는 미세한 구멍의 크기 조절이다. 대부분의 도기는 구멍이 너무 크고 헐거워 산화가 빠르고 심지어 땀 흘리듯 내용물이 조금씩 세기도 한다. 그래서 적당한 구멍 크기를 잡아야 하는데 이 구멍 크기를 사람이 일일이 조절할 수 있는 것도 아니다. 결국 흙과 불이다. 이재윤 대표는 무수한 실험을 거쳤다. 실험이라고는 했지만 실험을 통해서 어떤 공식이 나오는 일도 아니다. 무슨 흙을 어떻게 배합해서 몇도, 이렇게 단순한 답이 나오면 좋겠지만 그때그때 흙의 상태가 다르고 온도와 습도의 영향도 받는다. 다 같은 조건에서 만들어 올려도 어떤 것은 뜻한 대로 나오고 어떤 것은 아니다. 장작불이 아니라 균일한 온도를 보장하는 가스 가마를 쓰는데도 그렇다. 그러니 이것을 터득하는 과정이야말로 실험과 경험을 통해서 '감을 잡는', 장인이 되는 과정이었을 것이다. 그래서 10년이나 걸렸다. 이재윤 대표는 몰랐으니 시작했고 시작했으니 끝까지 했지 알았으면 안 벌였을 일이라며 허허 웃는다.

또 하나, 술이 숨을 쉬는 용기에서 시간을 보내면서 증발하는 것은 당연한 현상이다. 위스키의 '앤젤스 셰어'(Angels's share, 숙성 과정에서 증발하는 분량을 '천사의 몫'이라 부른다. 정말 마케팅 센스 넘치는 작명이다)는 연평균 2퍼센트 정도를 잡는다. 스코틀랜드같이 습하고 추운 곳보다 인도나 대만같이 건기가 있고 평균기온이 높은 곳에서는 증발률이 훨씬 높다고 들었다. 인도 위스키의 경우 오크통에서 최대 연

20퍼센트까지도 증발이 발생한다고 한다. 우리나라는 스코틀랜드보다 고온인 편이고 가을부터 봄까지는 상당히 건조하기도 하다. 옹기에 숙성을 시키는 일부 양조장의 경우 증발률이 원가에 미치는 영향이 상당하다는 이야기를 직접 들은 적도 있어서 담을 '주향'의 증발률이 궁금해졌다. 이재윤 대표는 1~1.5퍼센트 정도라고 상당히 구체적으로 대답해주었다. 그릇의 구멍 크기를 좁힌 탓인지 참나무통 숙성의 스코틀랜드 위스키보다 증발률이 더 적다. 산업적으로 의미가 있는 연구 결과라고 본다.

'비장(祕藏)'이라고 하고 싶지만 이 숙성용기는 다른 양조장이나 개인에게 판매도 한다. 증류주를 생산하는 업체라면 실험용으로라도 담을의 숙성용기를 써보길 권한다. 이재윤 대표가 무수한 실험을 통해 축적한 데이터가 있는, 확실한 노하우가 담긴 숙성용기다.

용기의 사이즈는 20리터. 3리터, 5리터, 10리터 숙성용기도 있는데, 이처럼 20리터보다 작은 것은 있어도 더 큰 것은 아직 정식 제품으로는 없다. 한주 증류주는 보통 400밀리리터가 표준이니 20리터도 50병 정도가 나오는 크기로 작은 사이즈는 아니다. 참고로 위스키 산업의 경우, 숙성 햇수별로 100만리터 정도의 생산량을 가진 업체도 '독립' '컬트' '크래프트' 같은 타이틀을 달고 있다. 우리가 이름을 들어본 정도의 유명한 증류소는 자체 생산량이 1,000만 리터 단위이며, 다른 증류소에서 술을 사들여 블렌딩을 하기 때문에 그것까지 합하면 1억 리터 단위가 되기도 한다. 이런 규모이다보니 수백에서 수천평의 대지에 술통을 몇층이나 쌓아올린 웨어하우스에서 술이 익어가는 곳들이 수두룩하다.

그릇은 흙의 종류나 배합, 굽는 온도 등이 고정된다고 해서 똑같은 그릇을 만들 수 있는 것이 아니다. 그릇을 빚는 일 역시 습도와 온도 등 온갖 변수에 따라 상태가 달라진다고 하니 술 빚는 어려움과 어찌나 똑같은지(빵을 굽거나 장을 담그는 어려움과도 통한다). 그릇만 만드는 게 아니라 술도 빚고 내리는, 그것 참 복장 터지는 두 가지를 병행했다니 윤두리 부부가 새삼 대단하게 보였다.

시간이 지날수록 기대되는 술

주향은 전통주의의 관점에서 본다면 약간의 이단성(!)이 있다. 기주를 빚을 때 누룩으로만 만드는 것이 아니라 흔히 '일본식'이라는 소리를 듣는 입국을 사용해 만든다. 몇년 전의 나였다면 아마 이 맛살을 찌푸리며 이 책에 소개하지 않았을 것이다(그렇다. 나도 '전통주의자'였던 시절이 있었다). 하지만 지금은 오히려 내 마음에 딱 맞는 술을 만났다 싶다.

막상 술을 마셔보면 어디서 입국의 흔적이 느껴질까? 말해주지 않으면 모를 것이다. 막걸리와 같은 발효주의 경우 전문가급이 되면 입국으로 빚은 술은 마셔보면 알 수 있다. 하지만 증류주는 입국으로 빚었다고 해서 어떻다는 차이를 딱 집어 말할 만한 것이 없다. 전혀 없는 것은 아니되 자신 있게 딱 집어낼 정도로 차이가 나지는 않는다.

주향의 생산 규모를 보면 입국 사용은 산업적인 고려와는 관련이 없을 정도다. 그럼에도 불구하고 기주가 좋다는 것에 연연하지 않고 술을 내려 현명하게도 숙성에 정성을 기울인다. 오랜 시간 직접 연구하고 직접 빚은, 연구의 결정체인 숙성용 옹기에 말이다.

담을양조장에는 아예 술을 숙성해주는 서비스도 있다. 독째로 술을 사서 묵혔다가 원할 때 개봉할 수 있다. 이 서비스의 첫 고객은 이재윤 대표의 친구분이었는데, 내가 방문했을 때 마침 3년 숙성주와 6개월 숙성주의 차이를 느끼는 비교 시음을 해 나도 함께 맛보는 호사를 누렸다. 3년 숙성주의 소유주이신 친구분께 이 자리를 빌려 다시 감사드린다.

이제 3년이 넘어가는 술을 마셔본 소감은 확실히 숙성의 보람이 있다는 것이었다. 조금 더 부드럽고 깊이가 더해졌으며 풋내 느낌이 나는 쌀의 냄새는 점점 둥글어지고 있었다. 시간이 지날수록 더 좋아질 술이라는 강한 인상을 받았다. 3년 숙성한 술을 시음하기 전에 2년 정도 숙성한 술을 마신 적이 있었는데 그때와는 또 달랐다.

숙성 햇수가 높은 것이 시장에서 평가를 받는 위스키 시장의 예에 따라 우리 소주도 그런 시장이 열릴 것은 확실한데 다만 오래되었다고 덮어놓고 다 좋은 것은 아니다. 이재윤 대표는 3년 정도까지는 어떤 술이든 다 '치고 올라가는데' 이후로는 술마다 피크가 다른 것 같다고 했다. 나도 동의한다. 스카치위스키도 피크가 각각 다른 술들을 가지고 최고의 조화와 일관성을 만들어내는 것을 중요하게 생각해서 몰팅이나 증류 기술자보다 마스터블렌더를 양조장에서 가장 중요한 일을 하는 사람으로 평가한다. 그저 같은 숙성 햇수를 가진 같은 증류소 술이라고 품질이 균일한 것이 아니라서 이것을 잘 조화시키고 배합하는 과정이 꼭 필요하기 때문이다.

수집 취미를 가진 사람이 꽤 많은 것으로 알고 있다. 그런 취미를 가진 사람들에게 나는 술을 모아보라고 권하고 싶다. 재테크에도 관심이 있다면 술은 일석이조의 아이템이다. 20년쯤 지나서 자기가 좋아하는 증류소가 유명해졌을 때, 이 증류소의 초기작들이 지닌 가치는 무명작가가 일류 예술가가 되었을 때의 초기작 가격에 준할 것이다. 실제로 오래된 술은 소더비나 크리스티 등을 비롯한 여러 경매장의 고정 경매 품목이기도 하다. 나 역시 발효주와 증류주를 가리지 않고 이런저런 술 컬렉션을 갖고 있다. 돈이 되기를 기다리지 못하고 그 전에 마셔버려서 문제이긴 하지만 말이다.

담을 술 공방
충북 충주시 엄정면 도자기길 16
043-855-6267

담을양조장 테이스팅 노트

주향 소주

탄내와 누룩취가 없는 깔끔한 맛이다. 그래서 어릴 때는 별 개성 없는 쌀소주 같기도 하지만 숙성 기간이 길어지면서 입체적인 구조감이 느껴지고 향도 과일향과 꽃향 등이 더 진해지기 시작한다. 깔끔하기론 일본의 고구마 소주들이 전형인데 주향의 깔끔함은 그보다는 더 무게감과 무브먼트가 느껴진다. 역시 숙성의 힘이 큰 것으로 보인다.
현재 출시된 것 중 최고령은 3년 숙성이다. 베스트는 아직 오지 않았다는 느낌이지만 3년 정도 숙성된 술도 많지 않으니 지금 사서 마셔보고 나중에 더 숙성된 술이 나왔을 때 비교할 경험으로 삼아볼 만하다.

감미 | 중 **고미** | 중하 **점도** | 중하 **감칠맛** | 중하 **도수** | 41%

2

중원당

자연이 만드는 감동

남한강과 충주호를 끼고 있는 충주는 역시 아름다운 물의 도시라는 인상이 압도적이다. 그리고 또 하나 유명한 것이 국사 시간에 배웠던 '중원 고구려비'다. 1979년 발견된 이 비의 정식 명칭은 '충주 고구려비'인데, '중원 고구려비'로 더 많이 알려져 있다. 이 비를 세울 당시 고구려 쪽에서 보면 충주 지역은 남쪽 변경이지 중심은 아니었을 것이다. 그렇다면 왜 '중원 고구려비'가 되었을까? 그 이유는 통일신라시대가 지나야 답이 나온다. 통일신라가 지방제도를 재정비하면서 충주 지역을 '중원경(中原京)'이라 칭한 것이다. 신라의 땅은 대동강 이남부터였으니 신라의 입장에서 보면 충주 정도가 국토의 중심이 맞았겠다 싶다. 중원이 충주로 개칭된 후에도 이름은 그대로 내려와 1995년 충주시와 통합되기 전까지 충청북도 중원군이 있었다.

우리가 찾아갈 양조장인 중원당도 이 중원군이라는 이름과 무관할 리 없다. 고구려비가 발견된 입석마을에서 중원당까지는 차로 불과 몇분 거리다. 이 길의 한편으로는 제법 경사가 있는 산이, 다른 편으로는 한강 하류를 보며 자란 서울 사람의 눈에도 폭이 제법 되어 보이는 남한강이 펼쳐져 있다. 갈수기에는 강변의 모래땅과 모래톱이 드러나는 강과 호수를 끼고 있는 도시가 충주다. 이 절경의 물가 풍경을 내려다보며 우륵은 가야금을 탔다고 하지. 그래서 이곳에는 '탄금대(彈琴臺)'라 이름 붙인 명승지도 있다.

탄금대 공원에 잠시 머물러 풍경을 감상하며 신라시대 우륵의 연주를 상상해본 적이 있다. 사실 그 비슷한 공연을 경험했기 때문에 상상이 가능했을지도 모른다. 일전에 나는 경남 함양에서 '불세출'이라는 국악그룹의 공연을 감상한 적이 있는데, 그 장소가 한 계곡의 너럭바위 위였다. 탁 트인 야외에서 하는 공연인지라 공연 시작 전에 오지랖 넓게도 연주를 방해할 잡음 걱정을 했다. 그런데 막상 연주가 시작되자 자연의 물소리, 바람소리, 새소리와 음악이 모난 데 없이 어우러져서 오히려 더 큰 감동으로 사람을 잡아끄는 것이 아닌가. 요즘같이 음향시설이 완벽하게 갖춰진 실내에서 하는 공연이 아니라 물소리, 바람소리와 어우러진 가야금 소리. 그 맛은 들어보지 않은 사람이 상상으로 짐작할 수 있는 종류의 것이 아니었다 (앉는 자리에 따라 소리와 느낌이 달라지는 야외공연장에서는 사실 100명이 온전히 즐기기도 어렵다). 모든 것이 세팅되어 정확한 소리를 재현하는 공연은, 음식에 비유하자면 조미료 친 공산품 같다는 깨달음마저 얻은 귀한 경험이었다. 음악뿐만 아니라 몇천명이 같은 음식을 먹는 단체급식이나 찍어내듯 만드는 술도 마찬가지일 것이라는 생각이 들었다.

청명주의 일신

충주 지역의 유명한 술인 청명주의 이름은 내가 술과 관련된 업을 가지기 전에 이미 들어 알고 있었다. 안동소주나 문경호산춘이 마셔본 적 없는 사람에게도 이름은 익숙하듯이 청명주 역시 아마 충북 무형문화재이기 때문에 익숙했던 것 같다. 청풍명월의 고장이라는 충북과 청명주라는 이름은 기억 속에서 연관이 잘 지어지는 짝이다.

내가 한주업자로 본격적으로 발을 들이기 전, 그러니까 10년 전쯤에 이곳에 들러 술을 산 적도 있다. 10년 전의 기억을 더듬어보자면, 당시 술에 대한 느낌은 솔직히 그다지 좋은 건 아니었다. 오죽하면 테이스팅 노트도 안 썼다. 괜찮았으면 기억해두었다가 세발자전거를 운영할 때 취급했겠지만, 술에 대한 기준이 까다롭기로 이름난 세발자전거에 입점하기에는 좀 부족하다고 생각했다. 세발자전거에서는 원칙적으로 취급하지 않는 살균주인 데다가 깊이도 멋도 없는 그저 그런 '약주' 맛이었다. 그런데 근래 중원당에서 생주가 나온다는 솔깃한 소문을 들었다. 뭔가 변화가 있구나 싶었다. 몇년 전 다른 한주 전문점에서 청명주를 마셔본 느낌을 떠올려보니 이 술이 생주라면 상당한 술이 되리라는 기대를 하게 만들었다.

다시 찾은 중원당은 위치도 그대로고, 그때 그 모습과 별로 달라진 것이 없었다. 유난히 붙임성이 없다고 생각했던, 당시 내게 술을 팔았던 그 사람이 알고 보니 김영섭 대표였다. 이번에도 유난히 붙임성이 없어서 기억이 났다.

중원당에 도착해서 우선 늦은 것에 사과를 드리고 급히 인터뷰를 시작했다. 30분이나 되었을까. 아마 역대 가장 짧은 인터뷰였던 것 같다. 처음 인터뷰하러 온 양조장에서 이렇게 짧은 인터뷰는 나도 처음이었다. 충청도 사람이 무뚝뚝하면 진짜 경상도 이상으로 말붙이기 어려운데, 김영섭 대표가 좀 그런 사람이다. 나도 대학 시절부터 인터뷰를 하러 돌아다닌지라 나름 경험도 많고 요령도 충분히 있다고 생각하지만, 이런 상대는 인터뷰 난이도가 최상급이다. 같은 공간에서 '화담도예'라는 도자기 공방을 하며 양조장도 함께 운영하는 김 대표의 누님이 싹싹하게 사람도 대하고 차도 갖다주시는 것과 묘한 대조가 되었다.

인터뷰는 짧았지만 김영섭 대표가 들려준 이야기는 사실 단순치 않았다. 청명주 제조기능보유자이자 충북 무형문화재 2호로 지정 받은 김영기 선생이 돌아가신 후 아들인 김영섭 대표가 그 지위를 이은 다음의 이야기다. 문화재 지정은 받았지만 상업적으로 술을 생산하기 위해서는 문화재 술 빚는 방식으로는 할 수 없다고 생각해서 기술자를 불러다가 흔한 '약주' 방식으로 술을 빚었다고 한다. 그러니까 내가 10년쯤 전에 처음 양조장에 들러서 사 마신 술이

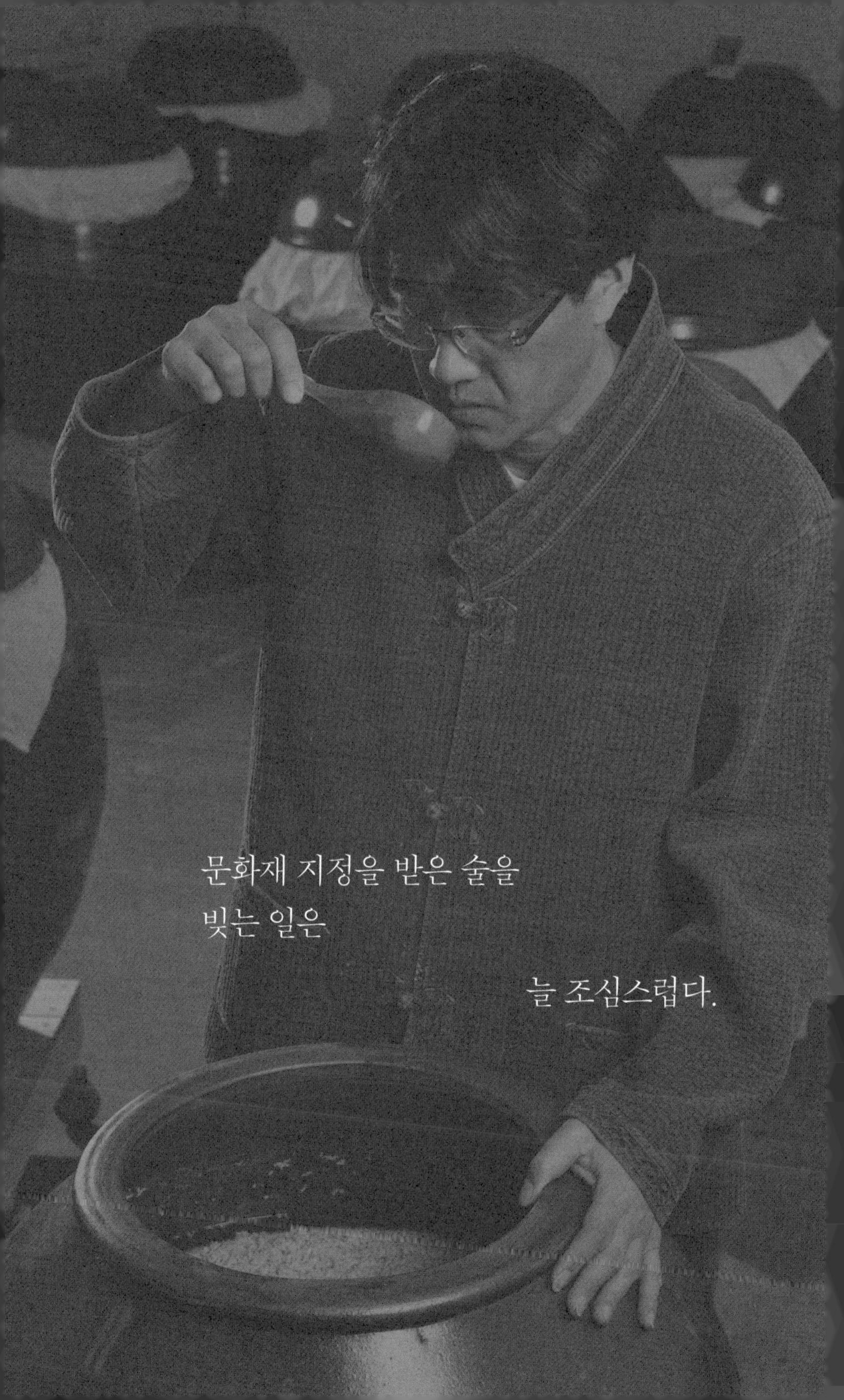

문화재 지정을 받은 술을
빚는 일은

늘 조심스럽다.

그런 술이었던 것이다. 그러다보니 김 대표 스스로 술맛에 대한 아쉬움이 없지 않았으나 전통 방식으로 하기에는 기술적으로도 아직 자신이 없고, 또 생주를 만들기에는 유통의 부담도 커서 그냥 해오던 방식으로 하고 있었다. 그러다가 최근 몇년 사이에 공부도 하고, 투자도 해서 술들을 새롭게 만들어내게 되었다는 이야기다. 박록담 선생의 전통주연구소를 찾아가 술을 배우고 그 배움을 바탕으로 술을 일신해서 만들기 시작한 것이 불과 몇해 전이라고 했다. 이런 복잡한 이야기를 그렇게 짧게 한 것은, 선대 이야기가 연결되어 조심스러운 부분도 있었을 것이고, 김영섭 대표 캐릭터가 무뚝뚝한 것도 이유일 것이다.

이름값을 톡톡히 하는 술

요점만 담은 짧은 인터뷰를 끝내고 시음장으로 자리를 옮겼다. 우선 시음주 맛을 좀 보자고 하니 김 대표가 청명주를 꺼내다주었다. 살균주였다. 그런데 동네사람인 듯 어떤 이가 들어와 탁주 두병을 달란다. '응? 청명주에 탁주가? 맑고 밝은 청명주 이름에도 안 맞는 탁주가 있다고?' 김 대표가 선뜻 내주는 탁주 두병을 보고 우리도 맛 좀 보여달라 청했다. 이내 새 병을 따서 한잔을 따라준다. 탁주 맛이 괜찮았다. 청명주라는 맑고 밝은 이미지와 탁주가 뭔가 언밸런스한 것은 있지만 술 자체로는 상당히 훌륭했다. 달큰하고도 방향이 있는 '박록담류' 스타일이 느껴졌다. 아직은 정식 출시가 아니라 시제품 단계라고 했다(현재는 당당히 정식 출시되어 팔리고 있다).

다음 순서는 기대하던 청명주 생주 차례다. 한잔을 따라 향을 살짝 맡아보니 한주의 일반적인 스타일과 뭔가 미묘하게 다르다. 맛을 보니 맛 역시 미묘하게 다르다. 얼핏 흔히 보는 스타일의 단맛이 이끄는 청주인데 다른 술들보다 훨씬 가볍고 산뜻했다. 보통 단술에 흔히 따라오는 묵직한 점도가 적으면서도 맛의 밀도가 떨어지는 것은 아니다. 그렇다고 무슨 가향재가 들어간 것도 아니고, 산미가 주도해서 그런 것도 아니다. 이 미묘한 경지란! 오오, 진짜 청명주라는 이름이 어디서 왔는지 알겠다. 맑고 시원하고, 기분이, 정신이, 가볍게 떠오르는 느낌이었다.

단번에 다음번 한주C(SNS를 통해 이벤트로 운영하던 한주 정기구독 서비스) 라인업에 넣기로 결정했다. 두말할 필요도 없다. 장마가 낀 6월용으로는 이 이상 없겠다 싶은 확신이 들었다(그해 장마는 7월이 되서야 왔지만 말이다). 시음주를 여러병 딴 것이 미안해서 생주 한병을 샀다. 돈은 나와 동행한 송인정필 씨가 냈다. 자기도 없는 처지에 말이다.

두번째 갔을 때는 중원당이 농림축산식품부에서 추진하는 '찾아가는 양조장'으로 선정된 이후였다. 찾아가는 양조장은 지역의 우수 양조장을 선정하여 생산에서 관광체험까지 연계해 관광 활성화와 국내 농산물 사용 확대 등 지역경제 활성화를 촉진하는 사업이다. 2013년에 처음 시행되어 2019년까지 총 34곳이 선정되었다. 찾아가는 양조장에 선정된 이후 양조장들의 평균 방문자와 매출이 25퍼센트가량 늘었다고 한다. 경제적 효과는 한주 붐에 따라 점점 더 커질 것으로 보인다. 선정이 되면 홍보에 도움이 되고 큰돈은 아니지만 시설 개선 등에 사용할 수 있는 자금지원도 받는다. 그래서인지 건물이 조금 예뻐졌다.

두번째 만남에서는 김 대표가 조금 늦었다. 예뻐진 양조장을 여유롭게 둘러보며 기다렸다. 이번에 다시 와서 보니 고양이들이 제법 많아졌다. 고양이들과 놀고 있으려니 금세 김 대표가 도착했다.

이번에 궁금한 것은 인터넷 판매의 성장과 '찾아가는 양조장' 지정 후의 변화였다. 김 대표는 '찾아가는 양조장'에 선정된 이후에 사람들이 엄청 늘어난 것은 아니지만, 그래도 단체손님들이 찾아와 사람이 없는 것은 아닌 정도라고 했다. 인터넷 판매 쪽은 꾸준히 성장 중이기는 한데 매출의 큰 부분은 아니고, 크게 홍보를 하지 않기 때문이기도 한 것 같다고 덧붙였다. 이번에도 참 무뚝뚝한 충청도 사람 화법이다.

그러고는 누룩에 대해서 잠시 이야기했다. 지금은 누룩 전문 회사인 송학곡자의 밀누룩을 써서 술을 빚고 있는데, 한편으로는 집안에 전해 내려오는 누룩을 복원 중이라고 한다. 한동안 띄우지 않던 누룩이라 이 누룩을 쓴다고 꼭 술맛이 더 좋으리란 보장도 없고, 당장 상업적으로 적용할 욕심을 내는 것도 아니란다. 당장은 그냥 집안에서 내려오는 것을 다시 잇는다는 데에 가치를 두고 연구하고 있다고 덧붙였다.

인터뷰 말미에 뒤에서 고양이 한마리가 테이블로 훽 뛰어오르더니 처음 보는 사람에게 비비고 치대며 친한 척을 한다. 워낙 붙임성이 좋아서 당연히 집고양이인 줄 알았다. 키우는 고양이가 많으신 모양이라고 했더니 키우는 게 아니고 길고양이들이란다. 먹이만 주고 있다고.

동물에게 잘하고 술 잘 빚는 사람 중에 나쁜 사람 없는 법이다.

양조장 투어리즘 발전을 위한 제언

중원당이 '찾아가는 양조장'에 선정되었다고 얘기했는데, '찾아가는 양조장'이 되기만 하면 저절로 '찾아가는' 사람들이 넘치는 것은 아니다. 당연히 그전보다는 사람이 늘겠지만 줄을 서서 기다리는 등의 소위 '대박'이 절로 나지는 않는다는 말이다. 수도권이나 대도시권 주변의 양조장들은 선정이 되면 사람들이 상당히 많이 찾는 반면, 그외의 지역들은 엄청 큰 변화가 보이지는 않는다고 한다. 그저 그전보다는 많아졌다 싶은 정도라는 곳이 대부분이다. 아직까지는 시간을 투자해서 멀리 가는 여행으로 자리잡은 것은 아니고 근교에 있는 곳을 가볍게 방문하는 사람이 많은 것으로 보인다. 찾아가는 양조장 사업은 해를 거듭할수록 자리를 잡아가는 중인데 실은 이전부터 내가 생각을 하고 나름 MVP(Minimum Viable Product, 스타트업이 최소한으로 기능하는 형태의 시제품 프로토타입을 만들어 실험하고 또 수정하는 단계로 삼는 제품)를 만든 것이 바로 양조장 투어다.

양조장 투어리즘은 최근 여행 트렌드의 변화와 어우러져 이미 많은 사람들이 시도하고 있는 것으로 보인다. 최근 투어리즘 트렌드는 깃발 들고 랜드마크에 가서 사진 찍고 유명하다는 맛집 순례 인증하고 오는 그런 여행이 아니라, 개인이 스스로에게 의미 있는 장소와 경험을 소중히 여기는 방향으로 변화하고 있다. 전자가 획일화된 욕구를 대량소비형으로 해소해준다면 후자는 개개인이 각자의 의미를 찾아가는 깨달음의 여정이라고 할 수 있다. 현재의 소규모(일 수밖에 없는) 양조장 투어는 이런 트렌드에 아주 맞춤한 여행이라 생각된다.

양조장 투어는 각 한주교육아카데미에서 주로 교육생과 졸업생들을 위주로 운영하는 것들도 있고 나처럼 개인이 그때그때 요청을 받아 운영하는 것도 있다. 심지어는 양조장 투어를 원하는 사람과 운영하는 사람들을 위한 플랫폼 사업자들, 한주 투어리즘 스타트업들도 생겨나고 있다.

양조장 투어는 물론이고 양조장 업계가 살아나기 위해서는 여러 사람들이 다 먹고살 만한 가격구조가 형성되어야 한다. 양조장, 오퍼레이터, 플랫폼이 각각 자기 몫을 가져갈 수 있는 가격이 공정한 가격이다. 여행의 트렌드가 달라지면서 기존의 저가 패키지 프로그램들도 모객이 안 되어 사양 산업이라고 하지만 그렇다고 독특한 콘텐츠를 갖춘 개인이나 소형 여행사들이 무작정 돈을 잘 버는 것도 아니다. 기본적으로 여행업도 규제가 심해서 개인이 여행 코스를 짜서 모객을 하는 것은 현행법상 어려움이 많다.

여행업 불황의 원인 중 70퍼센트쯤은 여전히 전통적인 패키지여행이 중심이 되기 때문인 것 같고 30퍼센트쯤은 제대로 된 콘텐츠를 갖춘 여행상품이 아직 충분치 않아서 그런 것 같다. 고만고만한 콘텐츠를 가진 상품들이 늘어나면 가격 경쟁이 심화되는 것도 어찌 보면 당연한 일이다. 게다가 퀄리티야 어떻든 무작정 '낮은 가격'에 대한 반응은 소비자로서나 업자로서나 한국인의 특징인 듯도 하다. 유통도 그렇지만 여행업계에서도 당장 고객을 모으는 일만 생각하고 여행업과 연관된 다른 영역들의 지속가능성을 고려하지 않는다면 이 산업이 발전하는 데는 시간이 꽤나 걸릴 것이다. 좀더 정확히 말해서 한번 유행이 휩쓸고 나서 망가지는 결과가 나기 십상이다. 결국 적절한 가격과 공정한 분배구조가 여행상품 설계의 중요한 요소라는 이야기고, 그러자면 투어 콘텐츠 자체가 인터넷 좀 뒤져보면 다 나오는 정보의 취합으로 될 것은 아니라는 말이다.

나는 여행 프로그램을 업으로 하는 것은 아니지만 가끔 이런저런 투어의 가이드 역할을 하곤 한다. 양조장 투어 및 지역의 먹거리와 연계된 부분은 정보나 지식의 깊이, 새로운 경험을 만들어줄 수 있는 네트워크, 여행객의 요구에 맞춰 여행을 설계해줄 수 있는 정보력과 능력이 다 있다고 자부한다. 다만 내가 적정하다고 생각하는 가격은 여행객 입장에서는 안 맞는 경우가 많은 모양이다. 나도 이리저리 돌려서 생각해봐도 뺄 것은 나의 가이드비밖에 없는 코스를 이런저런 이유와 명목으로 몇번이나 하고 있는데, 이건 투어리즘의 발전을 생각한다면 큰 문제다. 반대로 생각해보면 나의 인건비도 안 나오는 일을 하고 있다는 말이니, 이걸 업으로 하려는 사람이 나오기 힘든 구조인 것이 현재의 상황이다.

패키지여행 가이드들이 하는 역할이 충분치 않은 것도 문제다. 가이드가 그저 '인솔자' 정도의 역할만 할 뿐 전문지식이나 정보를 제공하는 경우가 별로 없다. 쇼핑이나 패키지여행의 옵션 프로그램 참여 유도에 더 정성을 쏟는 일부 가이드를 보면 가이드 투어라는 것 자체의 인상이 좋지 않다고 해도 딱히 할 말이 없다. 가이드 개개인들의 문제라기보다는 어떻게든 최저가로 여행객을 꾀고 그다음에는 알아서 뜯어먹고 살라고 쇼핑이나 옵션 투어 등에 먹잇감으로 던져주는 패키지 투어 여행사들의 과실이 절반 이상이다. 소비자들도 어디 가서 뭘 배우고 느끼려 하기보다 되도록 싸게 랜드마크에서 사진이나 찍고 마사지나 받으면 최고라고 생각하는 성향들이 크니 책임이 없다고 할 수 없다.

나도 가이드 투어에 대한 이미지가 다른 사람들과 그다지 다르지 않았지만 미국 캘리포니아주의 나파밸리 와인 투어를 가보고 생각이 많이 바뀌었다. 방문하는 와이너리마다 자사 와인에 대한 설명이 줄줄 흘러나오는 것이야 당연하겠지만 다른 와이너리의 것이라도 방문객이 좋아할 만한 술을 추천해주기도 하고 와인 산업이나 지역의 구체적인 사정을 전해주기도 했다. 그들의 모습은 매뉴얼대로 훈련되었다기보다는 충분히 즐기며 일한다는 느낌을 주었다. 매뉴얼을 넘어선 자기만의 콘텐츠가 있는 사람만이 할 수 있는 수준을 보았다.

세계적으로 유명한 술 산지들은 아주 저가의 패키지여행이 거의 없다고 봐야 한다. 애초에 싸게 쥐어짜서 어떻게든 사람을 끌어다가 다른 방식으로 뒤집어씌워 돈을 벌겠다는 발상 자체가 전혀 없다. 전반적으로 여러가지 면에서 최고의 경험을 선사해주기 위한 지역 전체의 인프라가 잘되어 있어서 아주 고가의 여행을 가더라도 만족도가 높은 편이다. 여행 설계자의 몫으로만 돌릴 수 없는 부분이 크다는 이야기인데, 우리나라의 지금 상황은 좀 한숨이 나오지만 앞으로 점점 여건이 좋아질 것이라고 생각한다. '찾아가는 양조장' 사업도 정부에서 주도하는 사업 치고는 상당히 성과가 있어서 선정된 양조장의 시설 개선(자금지원이 있다)뿐 아니라 접객을 위한 콘텐츠 확충(자금지원이 별로 없다)도 자체적으로 되어가고 있으니 말이다.

중원당
충청북도 충주시 청금로 112-10
043-842-5005

중원당 테이스팅 노트

청명주 생주

청명주란 이름하고 이렇게나 잘 맞아떨어질 수가. 단맛이 있되 혀를 잡아끌지 않고 고소한 곡물이 느껴지되 풋내 없이 성숙하다. 특히 여름에 잘 어울리는 술이다. 얼음 한조각 넣어서 온더록스로 마신다면 맑고 밝고 경쾌한 술의 경지를 보게 될 것이다. 장소는 남한강이 내려다보이는 어딘가가 좋겠다.

산미 | 중　감미 | 중　감칠맛 | 중　점도 | 중하　도수 | 17%

청명주 탁주

단맛이 위주인 탁주라 프리미엄 탁주의 기본적인 스타일이지만 여기에도 밝고 가벼운 청명주 특유의 개성은 살아 있다. 세심하게 조절된 당도, 그 과정에서 오밀조밀 생겨나는 다양한 향의 프로파일을 느껴보는 재미가 좋다. 어쩐지 탁주인데도 맑은 술 같은 느낌이 드는 것은 청명주 브랜드의 힘인가.

산미 | 중　감미 | 중상　탁도 | 중　탄산 | 중하　도수 | 12%

3

작은알자스

한국산 농산물로 만드는 외국 술

앞서 설명했다시피 한주란 한류, 한식, 한복, 한우 등에 쓰이는 한(韓)에 술 주(酒)를 합한 말이다. 이 명칭을 만들 때 '한(韓)'에 '한국의 것'이라는 의미가 담겨 있음은 당연하다. 그렇다면 '한국의 것'은 어떻게 정의할 수 있을까? 문명개화한 국제화 시대에, 한국의 것을 근대 이전의 어느 시기로 좁혀서 스스로를 가두고 기득권에 복무할 생각은 없다. 그래서 처음에는 계획에 없었지만 조금 고민해보고 넣게 된 곳이 바로 작은알자스다.

작은알자스는 레돔시드르라는 술을 만든다. 시드르(cidre)는 사과로 만든 와인이라고 보면 된다. 영국이나 아일랜드 같은 영어권에서는 사이더(cider), 프랑스어로는 시드르(cidre), 독일어로는 아펠바인(Apfelwein)이라고 각각 부른다. 사실 와인이라는 말 자체가 '포도'라는 뜻을 담고 있으니까 어쩌면 말이 좀 꼬이는 것 같은

데, 사과와는 상관없는 맑은 탄산음료를 사이더라고 부르기도 하니까 음식과 언어라는 것이 재미있다. 사이더는 프랑스어 시드르에서, 이 시드르는 라틴어에서, 또 그리스어에서, 멀리는 고대 히브리어에서부터 왔다고 한다. 동아시아에 와서는 탄산음료가 되었지만, 히브리어 '세카르'는 '발효된 음료'라는 뜻이다. 이때에는 포도와인도 포함된 개념이었으니 사과와인이라고 불러도 또 따지고 올라가 보면 우세스런 명명은 아니다.

각설하고, 레돔시드르는 흔히 말하는 전통주는 아니지만 한국에서 한국산 농산물로 만드는 좋은 술이니까 프리미엄 한주로 생각해도 괜찮지 않을까. 알고 보면 전통주를 만드는 데 쓰이는 쌀이나 밀도 원산지가 한국은 아니니 말이다(충북 청주시 흥덕구 옥산면 소로리의 구석기 유적에서 발견된 소로리 볍씨가 세계에서 가장 오래된 볍씨인 것은 공인된 사실이지만 열대의 늪지대에서 잘 자라는 벼의 원산지가 한국은 아닐 것 같다. 어디까지나 '발견된 것'들 중 가장 오래된 것이라고 생각한다). 덧붙여 이곳에 사는 '한국 사람' 역시도 한반도에 불쑥 생겨나 계속 자리 지키고 살아온 것이 아니지 않은가. 문화는 더하고 뒤섞고 나누면서 발전한다. 그런 면에서 어쩌면 레돔시드르가 가장 한주다운 술인지도 모른다. 적어도 앞으로는 그렇게 될 가능성이 충분하다.

한국 여자와 프랑스 남자

작은알자스는 충주에 있다. 엄정면의 도자기 마을에서 한국 여자 신이현 씨와 프랑스 남자 도미니크 씨가 손수 농사지은 사과로 시드르를 만든다.

신이현 씨는 불문학을 전공하고 『숨어 있기 좋은 방』(살림 1994) 등의 소설집을 출간한, 본인은 무명이라며 겸손해하지만, 상당히 이름이 알려진 소설가였다. 그녀는 서른 무렵에 파리로 유학을 떠났고, 친구의 집들이 파티에서 현재 남편인 도미니크 씨를 처음 만났다. 도미니크 씨는 컴퓨터 프로그래머로 회사를 다니고 있었지만 마음속에는 농부가 되고 싶은 꿈을 가지고 있던, 알자스 산동네가 고향인 청년이었다. '먹고 마시는 것이 죽이 맞아' 친하게 된 이들은 결혼까지 하게 되었고, 돌고 돌아 결국에는 한국에 정착했다. 농부가 되고 싶은 남자, 외국의 낯선 땅에서 '조그마한 동양 여자'로 늙어가고 싶지는 않은 여자의 마음이 합쳐져 둘은 한국에 와서 농사도 짓고 술도 만들기로 했다.

도미니크 씨의 고향집에는 아직도 알자스의 맛을 가족들에게 차려내는 어머니가 있고 이런 '어머니의 맛'이 도미니크 씨가 농부가 되고 양조가가 되게 이끈 은근한 힘이 아니었을까 싶다. 프랑스의 시골 알자스 지방 농가들의 맛나고 잔잔한 가족 이야기는 신이현 작가의 『알자스의 맛』(우리나비 2017)에 잘 나와 있다.

한국에서도 여기 충주에 정착하게 된 것은 특별한 연고가 있어서는 아니었다고 한다. 땅이며 술이며 이런저런 수소문을 하던 중에

지인의 소개로 마침 윤두리공방의 이재윤 대표를 알게 되었고, 그와 이야기를 나누던 중 도자기 마을에 빈집이 있다고 해서 들어왔다. 처음에는 포도와인을 생각했는데 사과의 고장 충주로 오게 되면서 사과술인 시드르를 만들게 되었다. 레돔은 사과술도 포도술도 다 나오지만 이름을 먼저 알린 것은 시드르다.

매년 다르면 다른 대로

레돔시드르의 첫번째 특징은 우선 사과를 직접 생산하는 것부터 시작한다는 점이다. 충주와 그 인근 지역은 우리나라의 중요 사과 재배지 중 하나라 사과를 사는 것이 전혀 어려운 일이 아니다. 과실을 이용해 가공식품을 만드는 사람이라면 흠과나 낙과를 구매해 조금 손을 보아 가공에 이용하는 것이 상식이며 모든 농부들이 바라는 바이기도 하다. 하지만 레돔의 시드르는 직접 농사를 지어서 상품성이 충분한 완전한 사과를 사용한다. 그리고 어떤 첨가물이나 가열 농축 과정 없이 바로 발효시키고, 발효 시 사과 껍질에 있는 자연효모를 사용한다. 내추럴 와인을 만드는 것과 같은 내추럴 사이더 제조 방식이다.

하지만 이렇게 되면 술을 만들 때 어려움이 생긴다. 과일은 해마다 맛이 조금씩은 다르고 과일에 붙는 효모도 그때그때 성격이 달라진다. 그러니까 해마다 맛도 달라지고 알코올 도수도 차이가 난다. 이런 어려움을 알기에 술맛의 일관성을 유지하는 노하우를 물

그해의 과일 맛에 따라
달라지는 술의 맛.
이 자연스러움이 단점이 아닌 장점이 된다.

으니 일관성에 집착하지 않고 매년 다르면 다른 대로 자연스럽게 술을 만드는 것이 방침이라는 답이 돌아왔다.

우리나라 주세법은 알코올 도수가 달라지면 다른 술로 본다(재료를 사들이는 액수와 그에서 산출되는 알코올의 양에 따라 징세를 관리하던 습관이 남은 행정편의주의다). 그래서 해마다 알코올 도수가 달라지면 매년 품목 허가를 새로 받아야 하는 상당한 번거로움이 있음에도 불구하고 가수(加水)를 하거나 보당(補糖)을 하는 방식으로 도수를 조정하거나 맛을 평준화하려는 노력은 전혀 하지 않는다. 게다가 대량생산 계획도 없다. 알자스 지방에서 출시되는 와인의 경우 대형 슈퍼마켓이나 파리 등의 외지에서 팔리는 것은 저가의 대량생산 제품이고 진짜 맛있는 와인은 현지인, 혹은 그 맛을 보기 위해서 멀리까지 찾아오는 사람들에 의해서 소비된다고 한다. 그런 사이더, 그런 세상을 만드는 것이 부부의 꿈이다.

작은알자스 역시 초기에는 상품을 알리기 위해 크라우드 펀딩을 하거나 이런저런 행사에 참가하고, 전시회도 나갔다. 힘이 들기는 했지만 그런 노력 덕분에 이제는 찾는 사람이 많아져서 한해 생산품을 판매하는 데에는 큰 문제가 없는 상황이 되었다. 부부는 경제적으로 큰 욕심이 있는 것도 아니고 농장과 양조장을 유지할 정도면 만족한다고 말한다. 작은알자스도 프랑스의 알자스처럼 정말 좋은 술을, 가능한 정도만 생산해서, 알고 찾는 사람들끼리만 마시는 것이 하나의 이상이다. 이런 방침을 세우게 한 그 마인드가 진짜 농부, 진짜 문화인의 자세가 아닐까.

나도 식당을 했었고 지금도 하고 있지만 돈을 벌자고 음식을 하게 되면 '자연스러움'을 어느 정도는 포기할 수밖에 없다. 그래서 내가 만든 것이 '장사'가 아닌 '요리'를 할 수 있는 공간을 추구하는, 주문진시장 내의 얼터렉티브 마켓이다(세발자전거도 얼터렉티브 마켓의 한 부분이다).

요리를 하려면 어쨌든 월세며 재료비 등의 비용이 들어가고 당연히 나의 인건비도 계산해야 하니 돈을 받는다. 하지만 좋은 식재료를 고르고 식재료에 따라 혹은 상황에 맞는 요리법을 강구해서 매번 같지 않은 요리를 하다보면 실수를 하거나 기대치에 못 맞추지 않을까 항상 신경이 쓰이고, 또 실제로 그런 경우가 생기게 마련이다. 그래도 미리 메뉴를 짜놓고, 제철도 아닌 재료를 쓰면서 맛을 내려고 조미료를 사용하며 무리하기보다는 약간의 리스크를 감수하더라도 그날그날의 최선을 만들어내려는, 그런 마음을 이해해주는 분들이 찾아주기를 바라며 해가고 있다. 사전예약제로 하루에 딱 한팀만(인원은 6명 정도가 한계지만 불편함을 감수하시겠다면 더 받기도 한다. 최대 12명까지 가능하다) 받는 술집을 하게 된 이유다. 실수가 있을 때는 비장의 한주나 다른 서비스를 제공하기 때문에 손님 입장에서도 리스크를 감수할 가치가 있을 거라 생각한다(이제까지 사건사고급 실수는 없었음을 밝혀둔다).

무엇보다 이런 식으로 그때그때 상황을 봐가면서 요리를 하면 적어도 그 순간의 최선을 추구하고, 구현할 수 있다. 미리 짜놓은 메뉴를 만드느라 제철 재료나 시세 변동이 큰 재료를 이용해 더 좋은 요리를 선보일 기회를 포기할 필요가 없다는 말이다. 혼자 꾸려가니까 정신이 없어서 정작 이 음식들에 담긴 의미가 무엇인지 제대로 설명하지 못하는 경우가 많은 것이 유감이긴 하지만 그런 의미들, 우연들이 음식을 이루고 있다는 것을 알게 되면 훨씬 즐겁게 음식을 드시는 분들도 많다. 그런 즐거움을 보는 것은 요리하는 사람으로서 돈과는 바꿀 수 없는 큰 보람이기도 하다.

작은알자스에서 2019년 생산된 술은 그 전해의 술에 비해 당도가 좀 있는 편이다. 아직은 숙성이 진행되고 있는 탱크에서 한잔을 내려 마셔본, 속 빨간 사과로 만든 로제 시드르는 알록달록한 분홍빛 색감과 충분히 강렬한 감미에 이제 화려함을 내보이기 시작한 여러 향이 어우러져서 가히 황홀경의 충격을 주었다. 앞서 소개한 옆집 윤두리공방의 술 숙성용기에 묵히고 있는, 이제 3년째로 접어들었다는 사과 브랜디도 매우 훌륭했다. 오크통 숙성 없이도 충분히 화려한 향이 느껴져서 오크통 숙성이 오히려 잘못된 방법이 아닌가 싶은 생각이 들 정도였다.

레돔시드르와 잘 어울리는 한국 음식은 어떤 것이 있느냐고 물으니 기름기가 좀 있는 전이나 고기구이 등이 잘 어울리는데 사실 도수가 낮은 편이고 가벼워서 어떤 음식이든 안 어울릴 것은 없을 것 같다는 심상한 대답이 돌아온다. 완전히 동의하지만 나는 여기에 한가지 더 덧붙이고 싶다. 이 술을 주연으로 삼아서 돋보이게 해주는 안주와 한번 마셔보라고. 가히 그럴 가치가 있는 발랄하고 화려한 술이 2019년에 나왔다. 어쩌면 사과와 포도의 작황에 따라서, 또

다른 여러 변수에 따라서 내년의 술은 올해보다 좀 못할지도 모른다. 그렇다고 해서 이렇게 자연스러운 방식을 바꾸기를 바라지 않는다. 항상 그때의 최선을 다할 것을 믿기 때문이고, 내 입에 달지 않은 자연도 내 몸과 마음과 우리가 사는 세상에는 분명 도움이 될 것을 알기 때문이다.

레돔시드르는 한주일까

다시 한주 이야기를 해보자. 이 책은 한주를 소개하는 책이다. 어떤 것부터 어떤 것까지가 한주라고 명확한 경계가 지어진 용어는 아니지만, 일반적으로는 '전통주'의 대체어로 사용하고 있다. 그래서 탁주나 청주, 증류식 소주가 아닌 술을 만나게 되면 과연 한주라는 이름에 적합한지 늘 생각해보게 된다. 작은알자스에서 파는 사과술 시드르는 한주일까? 아닐까?

레돔시드르는 한국 땅에서 생산된 한국 농산물로 만들어 한국 사람들(만은 아니지만)이 마신다. 물론 '시드르'라는 술 문화는 외국에서 온 것이다. 하지만 아무것도 섞이지 않은, 말 그대로 '고유의' 문화를 과연 찾을 수 있을까? 예를 들어보자. 한류 대표 콘텐츠 케이팝(K-Pop)의 열풍은 어떤가? 케이팝은 서양음악의 전통이 역연한 음악이다. 전통음악의 음계라 불리는 궁상각치우 역시 중국에서 수입된 것이다. 아이돌 그룹이라는 콘셉트는 일찍이 일본에서 꽃을 피웠고, 랩과 힙합은 흑인들의 음악이며 이 음악의 근원은 아프리카 민속음악에 있다. 이렇게 좋은 것들을 집대성한 것이 세계인의 사랑을 받는 케이팝이자 한류다. 아리랑 가락 하나로 세계인이 즐길 만한 문화가 나오지 않는다. 혹 나온다 하더라도 그게 얼마나 가겠는가?

그런 면에서 한주의 정체성을 다시 되새겨본다. 어느 나라든 마찬가지겠지만 우리나라의 술은 가정이나 마을 공동체 단위의 소비를 목적으로 한 가양주의 형태로 시작되었다. 우리나라 술의 특징이라면 그런 가정식 술 전통이 근대까지 길게 이어졌다는 점이다. 면허와 주세제도를 도입하지 않은 덕에 집집마다 다양한 술을 빚었고 바로 그 점이 한주의 장점이었을 것이다. 가정식 요리가 그러하듯이 가양주 역시 생산량은 적고 품질도 들쑥날쑥했겠지만 집집마다, 지역마다 특색 있는 술이 빚어지는 그 다양성만은 현재 남아 있는 고문헌에 나오는 주방문의 한계를 훌쩍 뛰어넘었을 것이 분명하다.

반면 근대 이후가 되면서 술도 본격적으로 '상품화'되기 시작했다. 고 배상면 국순당 회장이 편역한 『조선주조사』(우곡출판사 2007)는 1920년대 후반부터 중일전쟁 직전 시기까지 조선 주조산업의 '발전'을 자랑스럽게 구가하는 일본인 시각을 잘 보여주는 자료다. 생산량은 얼마나 늘었는지, 품질의 안정성은 얼마나 개선되었는지와 더불어 과세액은 얼마나 늘었는지, 세율은 어떻게 점진적으로 높아졌는지, 그리고 작은 양조장을 없애고 큰 양조장들을 남김으로써 얼마나 과세가 편리하고 효과적이었는지를 큰 업적으로 내세우고 있다. 미개한 조선인을 계도해 문명화시킨 식민주의자들의 자부심 넘치는 기록이기도 하다.

하지만 레돔시드르 같은, 마음으로 만드는 술들은 획일화된 상품이 가질 수 없는 아름다움을 느끼게 해준다. 그 아름다움은 하늘과 땅으로부터 무언가를 받는 고마움에서 나오고 또 그 산물을 가지고 정성과 정열을 다해 황홀한 색과 향을 만들어내는 사람에 대해 느끼는 아름다움이기도 하다. 이런 신통방통한 일이 일어나게 해주는 미생물에 대한 경외감도 느껴진다. 대량생산으로 만들어지는 기계식 상품이 아니라 한번 빚을 때마다 조금씩 다르고 그렇게 여러가지 매력을 보여주는 술은 그 생산에서 소비까지 문화와 역사의 집적, 수많은 사람들의 정성과 기술, 그리고 그것을 누리고 아끼는 마음이 있어야만 유지될 수 있는 것이다.

이것이 어찌 술만의 일이랴. 다만 중독성이 특히 강한 술을 사랑하는 사람들이 특히 더 강하게 이런 마음을 내어 알게 모르게 문화의, 문명의 방향을 돌리는 역할을 하게 될 것이라 믿는다. 그런 면에서 나는 프랑스 사람이 한국에 와서 한국 땅에서 농사짓는 사과로 만드는 '시드르'도 당연히 한주라고 생각한다. 사실 한주라고 부르지 않아도 상관없다. 이런 아름다운 일이 충주에서 일어나고 있다는 사실이 중요할 뿐.

효율화와 대형화 추세를 되돌려 과감히 과거로 돌아가는 것이 한주의 여정이라면, 꼭 막걸리나 청주, 소주가 아니더라도 한주라고 부르고 싶다. 그때 한주의 한(韓)은 자기 경계를 허물고 보편적인 의미를 지니게 될 것이다. 한주는 새로운 문명을 향한 자기해체의 길을 밟고 있다.

농업회사법인(주) 작은알자스
충북 충주시 엄정면 도자기길 32
010-8607-2856

작은알자스 테이스팅 노트

레돔시드르

미미하게 단맛이 있고 산미가 강하되 찌르지 않아 유유자적한 느낌을 준다. 입에 머금고 조금 기다려보면 화려하게 향이 퍼지는 것을 느낄 수 있다. 기름진 음식을 먹을 때 반주로 마시거나 식전주로 입맛을 돋우는 용도로도 좋을 술이다. 알코올 도수 6%라 부담이 없어 그냥 음주용 메인 술로도 추천할 만하다.

산미 | 중상　감미 | 중　감칠맛 | 하　점도 | 중하　도수 | 6%

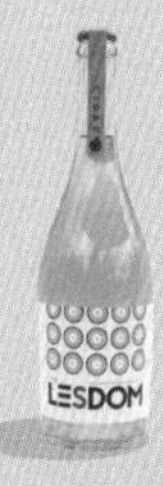

레돔 로제 시드르

속 빨간 사과인 러브레드 품종을 이용한 로제는 설탕을 넣지 않았지만 아주 드라이하지는 않아서 섹(Sec, '단맛이 없고 건조한'이라는 뜻의 프랑스어로 와인의 드라이한 상태를 말함) 정도의 당도를 기대할 수 있다. 맥주나 탄산음료의 주입식 탄산에 익숙한 사람이라면 잔잔하고 조용히 혀를 간질이는 듯한 천연탄산을 느껴보기에 좋다. 향이 화려해서 잔잔한 듯해도 마시고 나면 황홀감을 가져다준다.

산미 | 중상　감미 | 중하　감칠맛 | 하　점도 | 중하　도수 | 7.5%

4

충주 양조장 투어의 숨어 있는 한뼘

세계 술 박물관 리쿼리움

충주에 왔다면 한번쯤 들러볼 만한 곳이 충주 중앙탑 공원에 있는 술 박물관 '리쿼리움'이다.

내가 이곳을 처음 방문했던 것은 거의 10년 전이다. 청명주를 사러 왔던 길에 들렀던 것으로 기억한다. 술과 관련된 일과 공부를 본격적으로 시작하기 전이었는데, 지인을 만나러 충주에 왔다가 강변의 경치 좋은 곳에 술 박물관이 있다기에 궁금해서 가보았다. 그때는 지금만큼의 지식이 없던 때이기도 해서 별다른 감흥 없이 둘러봤었다.

10년 만에 다시 찾은 리쿼리움은 그때와는 사뭇 다른 느낌으로 다가왔다. 입구에 있는 실물 크기의 위스키 증류기가 보는 이를 압도한다. 리쿼리움이라고 쓰인 간판을 받쳐 든 이 조형물은 '시그램' 계열사가 스코틀랜드에서 스카치위스키를 증류할 때 쓰던 100년

된 증류기를 분해한 뒤 배로 싣고 와 설치했다고 한다. 문경의 오미나라 양조장&증류소 대문과 어째 비슷한 구석이 있다 했더니 여기도 문경 오미나라의 이종기 대표가 운영하는 곳이었다. 이종기 대표가 유학으로 혹은 출장으로 외국을 오가며 모은 평생의 수집품 대부분이 여기에 있다. 그러니 기대가 될 수밖에.

당연하겠지만 10년 전에 비해 소장품도 늘고 전시의 짜임새도 좋아진 것 같다. 아는 만큼 보인다고 했던가. 업자가 된 지도 10년이 넘고 보니 그만큼 눈에 들어오는 것들이 많아졌다.

특히 눈길을 끄는 것은 골동품급의 오래된 양조용품과 생활 음주용품들이었다. 술을 문화로 보게 되면서 이런 것들에 관심이 많아졌다. 술잔 하나만 들여다보아도 생각이 실타래를 타고 끊임없이 이어진다. 저 중국 청동기 잔에는 어떤 술을 마셨을까? 증류기술이 들어오기 전의 중국 술이란 어떤 형태였을까? 기장이나 수수 같은 잡곡으로는 어떤 술이 나왔을까?

그러나 마침 간 시간은 문을 닫기 조금 전이라 무작정 오래 있을 수는 없었다. 전시관들을 한바퀴 돌고 나오면서 아쉬운 마음이 들었다. 관심이 많은 분야라 하루 종일이라도 재미있게 보낼 수 있을 것 같았기 때문이다. 술을 좋아하고 술의 역사와 문화에 대한 관심이 있는 사람이라면 분명히 좋아할 것이다.

이곳의 전시물품들만 보고 가볍게 좋다 나쁘다를 평가할 문제는 아니다. 도서관이나 박물관의 '콘텐츠'는 점점 눈으로 보는 것에서 체험할 수 있는 활동으로 중심이 이동하는 추세다. 리쿼리움에도 시음과 체험 프로그램이 많이 늘었다. 상설 체험 프로그램으로는 향초나 컵받침 등 아트 상품을 만드는 것도 있고, 특히 사과 증류주를 이용해 자기만의 술을 만들어보는 것 등은 오미나라 양조장&증류소에서 운영하는 리쿼리움만이 제공할 수 있는 특별한 체험이다. 나도 스코틀랜드에서 교육을 받으며 위스키 블렌딩 체험을 할 기회가 있었는데, 그때 받았던 엄청난 영감을 지금도 소중히 간직하고, 이리저리 응용해서 써먹고 있다. 술을 업으로 하는 사람이라면 이런 체험은 한번 해볼 것을 권한다. 이외에 예약 체험 프로그램으로는 전통주, 와인, 칵테일 등 각종 술을 직접 빚는 체험도 있고, 술빵과 리코타 치즈 등을 만드는 체험도 있다.

리쿼리움 체험 중 또 하나 특이한 것이 향음주례 체험이다. 조선시대에 만든 국가의 예의범절 매뉴얼 정도 되는 『국조오례의』라는 책에 나오는 술 마시는 예절인 '향음주례'를 재현해 가르쳐주는 프로그램이다. 사실 이 향음주례란 것은 지자체 차원의 집체적 예절교육 같은 느낌을 가진 행사이긴 한데, 어쨌든 이런 옛날 문화를 느껴보는 것도 한번은 해볼 만한 경험일 것이다.

다양한 술을 소개하고 전시하는 만큼 시음만 해도 동서양의 술을 비교 시음할 수 있도록 구성되어 있다. 음주 매너 교육도 해주고 비즈니스 매너도 가르쳐준다. 흥미가 당기는 이야기 아닌가?

이 프로그램에는 사연이 있다. 오미나라의 이종기 대표가 직장생활을 하던 시절, 외국계 회사에서 일하다보니 외국인들과 술자리도 잦고 해외출장도 많이 다녔다. 그런데 어디를 다녀봐도 우리나라같

리쿼리움은 술을 좋아하고
술의 역사와 문화에 대한 관심이 있는
사람이라면 분명히 좋아할 것이다.

이 술을 부어라 마셔라 하는 경우는 거의 없더라는 것이다. 왜 우리나라에만 이런 폭음 문화가 있는지 알아보기 위해 이 대표는 우리의 옛 술 문화를 공부하기 시작했다. 『국조오례의』의 향음주례를 비롯한 문헌을 연구하면서 사실 우리나라도 술을 마실 때 예의와 풍류를 중시하지, 많이 마시는 것을 권장하는 문화는 아니라는 것을 발견했다. 그래서 술 만드는 것뿐 아니라 음주 문화에 관한 글도 쓰고 음주 문화 개선을 위한 노력도 많이 기울이고 있다.

우리나라가 지금과 같이 싸구려 술을 마구 퍼마시는 문화가 된 근원이 일제강점기에 있다는 것이 이 대표의 생각이다. 이는 전통주 전문가들의 시각과도 일치한다. 조선의 술은 면허나 세금이 없이 집에서 빚는 가양주였는데 일제강점기 통감부하에서 주세법령이 제정되면서 가양주도 면허를 받아야 하는 상황이 되었다. 집집마다 얼마나들 술을 열심히 빚었느냐 하면 이 가양주 면허 수가 초기에는 30만이 넘었었다. 그것이 1939년이 되면 1개로 줄어 결국 이 제도 자체가 없어졌다. 1938년에 국가총동원법이 생기면서 모든 물자를 전쟁물자로 보고 특히 식량수급을 통제한 것과 관련이 깊다. 이때 고구마 등의 전분질, 나아가 타피오카나 당밀 등의 저가 재료를 사용해 주정을 뽑아내고 여기에 감미료와 조미료 등으로 맛을 낸 희석식 소주가 본격적으로 시장을 장악하기 시작했다. 결국 우리나라의 주류 시장은 이런 저가 주류를 대량소비하는 문화(이것도 문화다)를 벗어나지 못하고 있다. 이 대표는 이런 말도 안 되는 상황에 말 그대로 '혁명'이 필요하다고 생각해서 스스로 본을 보이기 위해서 교수직을 박차고 문경에 와 양조를 시작했다고 한다.

리쿼리움은 전시장으로서의 기능만 생각하면 조금은 빈약한 것이 아닐까 싶기도 하지만 이런 다양한 콘텐츠가 있어서 술꾼이라면 한번은 방문해서 자신의 관심사에 맞는 분야를 체험해보는 것도 좋겠다. 그러고는 리쿼리움의 2층에 위치한 카페에서 탁 트인 수변 공간을 바라보며 술을 마시는 것도 좋고, 술 마시기가 여의치 않다면 커피라도 한잔하기를 권한다. 탄금호를 제대로 감상할 수 있는 기회가 될 것이다.

길 건너편에 즐비한 막국수집에서 치막(치킨과 막국수)을 시켜 막걸리 한잔을 하는 것도 즐거운 옵션이다. 치킨과 막국수는 충주에서만 볼 수 있는 조합인 것 같은데 차고 건조한 성질의 메밀과 닭튀김이 의외로 궁합이 괜찮다. 곁들이는 막걸리는 외국 쌀과 합성감미료를 쓴 것이라 좀 아쉽지만…

세계술문화박물관 리쿼리움
충청북도 충주시 중앙탑면 탑정안길12
043-855-7333

활옥동굴 셀러와 와인 시음회

충주에는 활옥동굴 셀러가 있다. 2020년 1월에 이 활옥동굴 셀러는 'Wine D'라는 이름으로 정식 개장을 했다. 아직까지는 일반인들에게 전부 오픈을 한 건 아니고 셀러 계약자들만 예약에 의해 둘러볼 수 있지만 조만간 지역의 또다른 명소가 될 것으로 본다.

술꾼이고 업자다보니 술과 관련된 행사는 주최도 많이 하고 부름도 많이 받는다. 2019년 이곳 활옥동굴 셀러에서 하는 특별한 행사에 초대받은 적이 있다. 우리나라에서 시음회 행사라는 것은 좀 생소하다. 특히 한주 분야는 더욱 그렇다. 이 특별한 행사는 와인 시음회였지만 시음회에 관한 큰 영감을 받아 좀 길지만 소개하고자 한다.

"충주 활옥동굴 몰도바 30년 숙성 와인 시음회." 이게 정식 이름이었는지, 그렇게 정식으로 이름까지 딱 확정해서 하는 행사였는지는 모르겠지만 이 한 문장 일곱 단어 중에 사람 흥미를 끌지 않는 게 하나도 없다. 그중에서도 '활옥동굴' '몰도바' '30년' 이 세 단어는 특히 사람을 아주 미치게 만드는 약성이 있었다. 아니 갈 수 없는 자리라 초대해주신 지인에게 감사드리며 냉큼 합류했다.

시음회는 우선 활옥동굴 견학으로 시작했다. 이 활옥동굴은 활석과 활옥, 백옥을 캐내던 광산으로 1922년부터 2018년까지 100년 가까운 시간을 채광하다가 생산성 저하로 문을 닫았다. 여기까지는 흔한 폐광 이야기다. 그후에 동굴 테마파크로 거듭나서 사람들을 끌어 모으고 있다. 여기까지도 엄청나게 특이한 것은 아니다. 국내에만 해도 광명 와인동굴이 폐광이 된 금광을 활용해서 테마파크 및 전시 공간으로 거듭났고 충주 인근의 영동에도 폐광은 아니지만 와인터널을 조성해서 관광객들을 끌어 모으는 중이다.

충주 활옥동굴의 남다른 점은 우선 그 규모에 있다. 100년 가까이 광물을 채취했기에 총 연장 57킬로미터라는 어마어마한 길이를 가지고 있고 지하로 몇층이나 파고 내려가는 깊이의 동굴이다. 그중 극히 일부만 테마파크화가 된 것이지만 대강 훑고 다녀도 1시간이 훌쩍 넘게 걸어 다녀야 하는 규모다.

또 한가지 특별한 점은 동굴의 분위기다. 어둡고 음산한 것이 동굴의 지배적인 인상인데 이곳은 활석과 백옥을 캐던 동굴이니만큼 일반 동굴과는 달리 몽환적인 백색의 공간이다. 환상적으로 하얗다(동굴답게 가끔 박쥐도 있는데 이 하얀 벽을 배경으로 하고 있어 아주 잘 보인다). 이미 뮤직비디오나 화보 촬영 등에도 활용이 되었다고 하는데 직접 가서 보면 절로 고개가 끄덕여진다.

중요 포인트는 이 테마파크 깊고 깊은 한구석에 와인 셀러가 있다는 것. 내가 초대된 행사는 그 와인 셀러 주최로 열린 시음회였다. 이 시음회가 정말 특별한 이유는 몰도바의 30년 이상 된 와인 시음회였기 때문이다. 몰도바! 몰도바는 소비에트 연방 해체 후에 독립해 나온 작은 나라들 중 하나다. 소비에트 연방 시절에는 소련의 일부였고 지금도 구소련 국가들의 협력기구인 독립국가연합의 회원이기도 하지만 몰도바와 러시아와의 관계는 역사적으로 불편하다. 러시아는 몰도바의 친유럽 정책을 견제하는 의미에서 다양한 방식으로 압박을 하고 있는데 그중 하나가 툭하면 몰도바 와인의 금수 조치를 시행하는 것이다(2006년, 2009년, 2013년 등 정말 '툭하면'이다). 농업이 경제의 기반이고, 전통적으로 와인 생산량의 태반을 러시아에 수출하던 입장에서는 이게 상당히 큰 이슈가 될 수밖에 없다. 러시아의 변덕 때문에 다른 나라로 수출선을 다변화하려는 노력도 꾸준하고, 그것이 어쩌다보니 머나먼 한국까지 흘러들어오게 되었다.

그리고 30년. 술과 관련해서 30년이라면 발렌타인 30년이 생각나는 것이 아마도 한국 술꾼의 정서가 아닐까? 어디 근사한 바에서라도 마시면 돈 100만원은 넘게 줘야 하는, 사치와 신분의 상징 같은 술. 그래서 30년이라는 숫자는 뭔가 일반인이 범접하지 못할 세상 같은 느낌이다. 30년 숙성된 술을 마시게 해준다는데 환장하지 않을 이유가 없다.

시음회는 동굴 바깥의 활옥 카페에 마련되어 있었다. 이곳 활옥동굴의 클럽하우스이자 메인 식음료 업장이라고 할 수 있다. 인더스트리풍이 아니라 진짜 활옥동굴의 유물들을 사용해서 인더스트리얼 감각으로 꾸민, 거기에다가 묘하게 럭셔리한 분위기도 있는 근사한 카페였다. 카페에는 20명이 넘는 사람들이 시음회를 위해 말 그대로 '경향 각지 및 해외'에서 모여들었다.

1986~87년경에 생산된 네병의 와인이 오늘의 시음주다. 그러니까 모두 구소련 시대의 와인이다. 몰도바는 와인의 산지로서보다는 지하의 셀러들이 더 유명한 곳인데 그중에서도 밀레스티미치

(Milestii Mici)를 비롯한 몇곳의 대형 셀러가 유명하고, 또 우리가 오늘 마실 술도 이 밀레스티미치 셀러에서 나온 술들이었다.

네종의 와인 중 품종이 익숙한 것은 카베르네 소비뇽 하나뿐인데 마침 이게 첫 잔으로 돌아왔다. 사람이 많으니 일단 병을 다 따서 가까운 데에 놓인 술부터 먼저 마셔보는 스타일의 시음이다. 이건 라벨의 품종 표기가 불어로 되어 있어 알아볼 수가 있었을뿐더러 카베르네 소비뇽이라면 모든 와인 테이스팅의 기본이 되는 술 아니겠는가. 우선은 기대를 안고 첫 잔을 마셨다. 흐음, 이거 아직 모르겠다. 열자. 와인이 세월을 거쳐 농축하고 숙성시켜온 그 향기와 맛을 풀어줄 수 있게 와인잔을 열심히 흔들어 숨을 쉬게 했다.

다음 잔은 코드루(codru). 코드루는 품종이 아니라 몰도바 중앙 지역의 와인 산지 이름이다. 술을 잔에 따르는 순간 품위 있는 호박색이 나를 당겼다. 아니, 그보다는 잘 익은 벼이삭의 색이라는 말이 더 어울리겠다. 화이트와인이 시간이 지날수록 색이 짙어져 장노년기에 이르면 나오는 그런 색깔이었다. 한모금 마셔보니 당분이 짱짱했던, 트로켄 베렌 아우슬레제(Trocken Beeren Auslese, TBA. 가장 늦게 수확하거나 귀부병이 걸린 포도로 만든, 당도가 가장 높은 화이트와인)만큼 달았을 것으로 생각되는, 디저트 와인 같았다. 이제는 단맛이 순해졌다는 느낌, 그 정도만 기억해두었다. 이 코드루도 아직 풀려나올 이야기가 기다려지는 상태다.

다행히 사람들은 한잔씩을 마시고는 와인에는 큰 관심이 없는 듯, 네트워킹 활동 중인 것 같다. 술이 모자랄까 재빨리 술병마다 한잔씩을 받았는데 이거 오히려 술이 남는 판이다. 안도하며 술잔을 열심으로 흔들었다. 사실 이렇게 무작정 술을 흔들어대는 것이 좋은 방법은 아니지만 시간이 제한되어 있다보니 어쩔 수 없다. 표정이 딱딱하고 냉기가 느껴지는 술을 마시는 것보단 낫다.

술을 마시다보니 분위기가 풀어져서 예정된 식사시간도 좀 늦춰진 것인지, 다행히 저녁 전에 이 술들의 진면목을 확인할 수 있을 만큼 충분히 술이 풀려나왔다. 카베르네 소비뇽은 품위 있지만 사람으로 따지면 나이가 일흔은 되었다. 좋은 시절도, 원숙한 시절도 다 지나서 이제 카베르네 소비뇽의 기본 특징인 탄탄한 보디나 탄닌을 논하기에는 너무 멀리 와버렸다. 나름의 매력이야 있지만 카베르네 소비뇽의 전통적인 평가 규범에서는 이미 시기를 놓쳐버린 것이다.

코드루도 전성기는 지난 듯싶지만 이쪽은 장년의 원숙함에 가깝다. 쓸데없는 힘이 빠진 경지의 예술가랄까. 이 정도는 취향에 따라 베스트로 꼽을 수 있는 때이다. 약간의 콤콤한 발효취가 올라오는 듯한 것도 매력 있었다. 시간이 지나면서 마치 와인의 인생 역정을 보여주듯이 과일향, 꽃향, 꿀향, 건포도향 외에도 발효취 등 향이 몸에 익은 사람만이 사랑할 수 있는 취향(acquired taste)의 향들이 올라와 꽃을 피운다. 30년 이상 묵은 술의 기준으로는 어떨지 모르지만 나로서는 인생에서 손꼽을 스위트 와인을 만났다.

다른 술들도 전성기가 살짝 지나 꺾인 상태지만 원래는 상당히 좋은 술들이었음을 확인하기에 부족함이 없었다.

활옥동굴의 와인 셀러는 개인에게도 분양한다. 광명동굴이나 문

꾸며낸 공간이 아닌
진짜 동굴에서
숙성되는 한주를 상상하며.

경의 석영동굴 와인 레스토랑처럼 와인 셀러가 없지는 않지만 개인에게 셀러를 분양한다는 개념은 한국에서는 처음 보았다. 천혜의 자연동굴에 셀러를 분양받으면 몰도바 와인을 기본으로 준다. 분양가가 차이가 있는 것은 기본으로 주는 몰도바 와인의 양과 연식에 따른 차이다. 희귀한 술도 컬렉션할 수 있고 운치 있는 백옥동굴 셀러라니 제법 구미가 당기는 제안이었다.

나의 경우에는 와인도 와인이지만 역시 한주가 관심이다. 한주는 황화합물 처리를 통해서 발효를 정지시키는 와인에 비해 더 낮은 온도가 필요하다. 하지만 장기숙성이 아니라 유통기한 내에 판매를 할 것이라면 동굴 안의 환경도 충분히 적합할뿐더러 이 안이 마시기에는 아주 맞춤한 온도가 된다. 그래서 여기에 한주 코너를 하나 만들면 어떨까 생각했다. 활옥동굴은 셀러가 아니라도 이미 지역 명소로 거듭나고 있는 분위기라서 이곳에서 지역 양조장의 술들을 소개한다면 분명 시너지 효과가 있을 것으로 보인다. 조만간 한주도 이런 셀러에서 숙성시켜 시음회를 해보았으면 하는 바람이다.

와인디
충북 충주시 살미면 문강로 78-16 활옥동굴 내
043-847-7044

젊은 사람들의 젊은 양조장, 댄싱사이더

충주 중앙탑 부근에 새로운 사이더리가 생겼다. 이름도 발랄한 '댄싱사이더 컴퍼니'(Dancing Cider Company). 충주에 간 김에 예약도 예고도 없이 불쑥 방문한 댄싱사이더에 마침 이대로 대표가 있어서 이야기를 나눌 수 있었다.

현재는 운영을 잠정 중단한 탭룸에서 시음주를 마시며 이야기를 나누었다. 이곳은 앞의 레돔이 유럽식 내추럴 사이더리를 추구하는 것과는 달리 '미국식 사이더리'를 추구한다. 미국에서 유학하고 일도 하던 이대로 대표에게 크래프트 맥주 다음의 트렌드로 크래프트 사이더가 눈에 들어온 것이 창업의 동기라고 한다. 트렌드를 읽는 눈이 있다보니 회사의 네이밍부터 시작해 다양한 굿즈와 발랄한 문구들이 눈에 들어오게 배치되어 있다. 술이 병 속에 든 액체 이상으로 문화상품임을 이해하는 기업임을 금방 알 수 있었다.

개인적으로 술에 대해서는 약간의 아쉬움이 있다. '미국식'이 대개 그렇듯이 '크래프트'임에도 인공탄산을 주입한다. 황화합물도 투여한다. 역시 나로서는 이런 점에 좋은 점수를 줄 수는 없다. 하지만 종합적인 문화역량이 상품의 가치를 결정한다고 보면 이곳은 앞으로 발전할 전망이 확실한 곳이다. 술도 그에 따라 다양하게 발전할 것이고.

이놈의 '전통주' 업계는 참 뭐 하나 같이하려고 해도 힘들고 마인드세트가 답답한 경우가 많은데 맥주나 사이더 같은 경우에는 같이하기가 훨씬 산뜻하다. 이 문화의 차이가 후발주자인 수제맥주가 한주보다 훨씬 빨리 발전하고 있는 이유이기도 한데 한주업계도 젊은이들의 창업이 이어지고 있으니 기대를 해본다.

젊은 대표를 중심으로 더 젊은 직원들이 모여들었다. 전부 인근에 사는 사람들이냐고 하니 충주에서 온 사람들도 일부 있지만 서울에서도 오고 경상도에서도 온다고 했다. 이 대표와 대화를 나누어본 인상도 그렇고, 홈페이지를 방문해 보면 '스타트업' 기운이 물씬한 회사 문화를 엿볼 수 있다. 바로 그 문화가 젊은 사람들을 끌어들이는 힘일 것이다. 일부 양조장들이 직원난에 시달리는 이유를 좀 되짚어봤으면 한다. 원인 진단이 대뜸 '요즘 젊은이들은…'부터 나오는 곳이라면 특히.

댄싱사이더 컴퍼니
충북 충주시 중앙탑면 인담길 35-1
043-844-1616

3장

문경,

옛것과 새것의 조화

기쁜 소식이 들려오는 곳

충청북도 충주에서 새재를 넘으면 경상북도 문경이다. 문경은 영남과 호서를 연결하는 지역으로 예로부터 충주와 문경은 교류가 많았고 지금도 닮은 점이 많다. 물과 산이 수려한 것이 그렇고, 물과 산이 많은 데 비해 또 너른 평지들이 점점이 많은 것도 그렇고, 광업이 일찍이 발달했던 것도 그렇고, 이제는 좋은 양조장들이 즐비하게 늘어가는 것도 그렇다.

문경은 우리나라에서 손꼽히는 양조장 집결지다. 여기에 소개할 양조장만도 네곳이고 거기에 수제맥주 양조장, 일반 막걸리 양조장까지 하면 일곱곳이나 된다. 아마 홍천 다음으로 양조장이 많은 곳이 아닐까 싶다(요즘은 서울이나 부산 같은 대도시에서 도시형 양조장 창업 붐이 일어나고 있어 조만간 대도시의 양조장 숫자가 더 많아질지도 모르겠다).

문경에 이렇게 많은 양조장이 있는 이유는 사실 잘 모르겠다. 홍천이야 서울에서도 가깝고 귀농귀촌자들이 많이 몰린다는 점이 이유가 되겠는데 문경은 홍천에 비해 그런 지리적 이점은 약하다. 긍정적으로 생각하자면 수도권과 영남권 양쪽으로 다 가깝다고 할 수 있지만 사실 양쪽으로부터 다 멀다는 느낌이 더 강하다. 귀농귀촌인들이 많이 오는 곳인지는 잘 모르겠지만 여기서 소개하는 양조장들 중 두술도가와 오미나라는 외지인이 들어와서 하는 곳이기는 하다. 아마도 문경에 양조장이 많은 이유라기보다는 다른 곳이 양조장이 적은 이유를 생각해봐야 할 것 같다. 프랑스나 스페인, 미국 등지의 와인 산지에 가면 우리나라 시군 단위 면적에 양조장이 수백 곳이나 모여 있는 경우도 많으니까.

영호남권에서 출발해서 양조장 기행을 한다면 문경을 먼저 들러 수안보에서 1박을 하고 그다음으로 충주를 들르는 것이 순리적인 수순이고, 반대로 수도권이나 중부 이북 지방에서 출발한다면 충주의 양조장들을 먼저 둘러보고 문경의 온천에서 몸을 추스른 뒤 문경 지역을 둘러보는 것이 자연스러운 동선이다.

문경은 중심지가 두곳이라고 할 수 있다. 하나는 문경새재 주변의 관광지가 밀집된 지역으로 행정구역상으로는 문경읍이다. 다른 하나는 문경읍에서도 차로 30분 정도 남으로 내려가야 한다. 행정과 교육이 집중된 실제 주민들의 생활 중심지라 할 수 있는 점촌동이다. 현재 문경시청이 위치해 있는 중심가는 원래 점촌시였던 곳인데, 문경군과 점촌시가 합쳐져 도농복합도시인 문경시가 되면서 중심지가 자연스레 두군데가 되었다. 양조장이나 관광시설은 이 중 문경읍과 새재에 가까운 북쪽에 집중되어 있다.

문경은 참 유교적인 지명이다. 경사스러운 소식〔慶〕을 듣는다〔聞〕. 아마도 새재를 넘어 과거 보러 가던 영남권 선비들이 새재 아래에서 마지막 밤을 보내며 서로 덕담을 주고받고, 또 대과에 급제하여 높은 벼슬을 하고 '레전드'가 된 동향 선배들의 이야기를 나누기도 하면서 모았던 마음의 표현일 수 있을 것 같다는 생각이 든다. 과거제도가 시행되기 시작한 고려시대에 이 지역은 문희군(聞喜郡)이라고 불렸다고 한다. 길흉을 점치는 주역은 매 괘의 효마다 길흉을 판단해준다. 주역에서 '희'와 '경'은 모두 좋은 결과, 즉 기쁜 일, 기쁜 소식이라고 여긴다. 하지만 '희'와 '경'은 기쁨의 범위가 다르다. '희'는 개인이나 가족의 기쁨이고 '경'은 나라의 큰일을 뜻한다. 사실 새재를 넘는 과거 응시생들이 바라는 것은 엄밀히 말해 '경'이 아니고 '희'에 속한다. 과거급제가 일신의 영달보다 나라의 기쁜 소식이 되기를 바라는 마음으로 문경이라고 바꾼 것은 아닐까 하고 근거 없는 짐작을 해본다.

1

두술도가

아자개 시골 장터

첫번째로 방문한 두술도가는 문경시의 서남쪽인 가은읍에 위치해 있다. 오늘 가볼 양조장 중 가장 남쪽이다. 이곳을 시작으로 북으로 훑어 올라갈 계획이다.

인터넷이 보급된 이래로도 도가들과 연락하기가 마냥 쉬운 일은 아니었다. 검색을 해보면 홈페이지 정도는 찾을 수 있지만 홈페이지 관리가 제대로 되지 않는 곳도 많고 아예 없는 경우도 드물지 않아서 연락처를 확보하기가 어려운 곳들이 제법 있었다. 새로운 시대는 SNS와 함께 왔다. 지금은 신생 양조장들이 대체로 SNS 계정을 가지고 있어 처음 보는 양조장도 연락이 좀 수월해졌다. 이제 SNS 활용은 양조장 경영자의 연령대 문제는 아닌 듯하다. 노년층에 접어든 분들이 운영하는 양조장들도 어쨌든 계정 하나쯤은 만들어놓기 때문에 검색도 쉽고 연락도 쉬워진 측면이 있다. 이런 것도 따지고 보면 바로 '인프라'다. 인프라라면 고속도로나 공항, 항만 같은 하드웨어적인 측면도 있지만 소프트한 인프라가 하나하나 채워져야 진짜 제대로 완성형이 되는 것이다.

주문진으로 옮겨서도 한주 장사를 하고는 있지만 옛날같이 '세발자전거 하는 아무개입니다' 하면 '척' 알아주는 맛은 없어졌다. 그래도 SNS 메시지로 '이러저러한 사람입니다. 취재차 연락드렸습니다' 하면 대개는 반갑게 맞아준다.

문경새재가 있는 문경읍과 문경시청이 있는 점촌동을 제외한 읍면 단위의 마을들은 대부분 우리가 흔히 생각하는 시골 촌동네다. 두술도가가 자리잡은 가은읍 역시 시골스러운 곳이었다(홍천의 면 단위에서 살던 나에게는 제법 큰 동네처럼 보이긴 했지만). 가은읍 복판에 '아자개장터'라는 시장 거리가 있고 두술도가는 이 아자개장터 안에 있다. 아자개장터는 오래된 건물의 구(舊) 상가군이 있고 그 옆으로 광장같이 개방된 공간에 단층 건물들이 자리잡은 시장터가 있는데 두술도가는 개방형 공간에 자리를 잡고 있다.

아자개는 후백제를 건국한 견훤의 아버지로 가은이 고향이라고 한다. 가은읍이 한때 상주에 속해서 아자개가 상주 사람이라고 알려지기도 했다는데 지금 기준으로는 문경 사람이다. 지자체 마케팅용으로 활용도가 있는 이름이기는 하겠지만 경상도의 아들인 견훤은 정작 전주, 완주로 가서 후백제를 건국했고, 오히려 고향 땅 신라를 멸망시켜 경순왕을 자결에 이르게 했으니 아이러니다.

아무튼 아자개장터는 지방정부에서 예산을 제법 들여서 새단장을 한 체험형 전통시장이다. 이런 곳들 중에는 돈 들여 하드웨어는 갖췄지만 콘텐츠가 없어서 나중에 예산 낭비로 비판받는 경우가 많은데 아자개장터에 와보니 시골 장터에 맛집과 양조장이 함께 있으면 이게 제법 사람을 끌 수 있을 것이라는 생각이 들었다. 오죽하면 나도 여기까지 양조장을 찾아왔으니까.

이제 눈으로 볼 수 있는 이미지는 핸드폰만 있으면 어디든 손가락 하나로 얼마든지 입수하고 소비할 수 있는 세상이다. 게다가 거의가 공짜다. 그래서 여행의 트렌드도 사진 찍기가 아니라 체험과 경험으로 이동하고 있다. 체험과 경험 중심의 여행에서 가장 급격히 성장하는 분야가 미식여행이다. 지자체 관계자들도 이를 빨리 캐치하여 흉물로 기억될지도 모를 랜드마크를 만드는 것보다 지역의 맛집들을 잘 육성하고, 또 외지에서 사람이 들어와 지역 특색을 활용한 먹거리를 만들 수 있도록 지원하는 것이 훨씬 효과가 좋을 것이다.

미국에서 문경으로

두술도가에서 만드는 희양산 막걸리를 나는 대학로의 한주 전문점 '두두'에서 처음 마셔봤다. 달지 않고 담백한 스타일의 막걸리였다. 가성비가 상당히 괜찮은 술이긴 했는데 밸런스가 살짝 신맛에 치우쳐 있고 뭔가 들뜬 느낌도 있었다. 밸런스란 공간적 느낌 같지만 사실 술맛에서 밸런스는 시간의 개념도 있다. 신맛, 단맛, 감칠맛

등이 착착 돌아가며 미각으로 치고 들어오는 경우 밸런스가 완벽하다고 표현한다. 어딘가 시간차가 좀 뜬다거나 어떤 맛이 너무 치고 나와 다른 맛을 가린다거나 하면 밸런스가 깨지게 된다. 희양산 막걸리는 시간차 때문에 신맛이 두드러졌던 것으로 기억한다. 신맛이 잘못 두드러지면 술에는 필수적인 쓴맛도 불쾌하게 느껴지기 십상이다. 그래도 문경의 양조장들을 소개하는 데 빼놓을 수는 없는 곳이다 싶어 일단 찾기로 했다. '신생 양조장이니 술이 안정을 찾으려면 시간이 좀 걸릴 거야' 하면서.

첫인상에 양조장이라는 느낌은 별로 없었지만 아자개장터의 한가운데 명당을 차지하고 있는 두술도가를 찾기는 어렵지 않았다. 현대식 초가 같은 외관의 양조장 입구에 자동문이 열리고 안으로 들어가 인기척을 하니 안주인 이재희 씨가 맞아준다. 곧이어 같은 건물 한켠의 양조장 시설 안에서 일을 하고 있던 김두수 대표도 곧 나왔다.

김 대표 부부는 문경에 정착한 지 15년이 되었다고 한다. 그 전에는 미국에서 직장생활을 했다. 남들이 부러워하는 해외생활이었지만 정작 본인들은 『녹색평론』 같은 책들을 보고 농촌생활에 관심이 많았다. 마침 9·11테러 이후 미국 분위기도 어수선하고 해서 귀국해서 귀농을 결정했단다. 문경에 딱히 연고가 있던 것은 아니고 그냥 '어쩌다보니'라고 하는데 말하지 않은 이유와 사연은 있겠지 싶다. 문경에 와서 마을에서 같이 유기농 쌀농사를 지었는데 열심히 지어봐야 그다지 판로가 없어서 고민하다가 술을 만들게 되었다고 한다.

도가를 열기 전까지의 이야기는 두루뭉술하게 뼈대만 말해주는 식이다. 책 쓰는 입장이 되면 이런 것들을 좀 캐묻고 싶어지는데, 예의상도 그렇고 쾌적한 양조장 경험을 위해서는 서로 적당한 선을 지키는 게 중요하다. 적당한 선이란 상대방이 열어 보여주지 않는 것은 굳이 보려고 하지 않는 것이라고 하면 될까. 유형의 것이든 무형의 것이든 말이다. 양조장을 찾는 사람들은 늘어가는데 아직까지 이런 예의는 정착이 안 된 것이 우리 현실이라, 양조장을 찾는 사람들에게도 되도록 조심하는 태도를 가지라고 당부하고 싶다. 술도, 술 빚는 장소도, 술 빚는 사람도, 모두 외부에서 들어오는 것에는 예민할 수밖에 없는 것은 술 빚어본 사람이면 누구나 알 것이다.

개성 넘치는 라벨 디자인

이번 기행에는 주문진에서 운영하는 얼터렉티브 마켓에서 업사이클링 아트숍 '리페어'(Re:Fair)를 꾸리고 있는 섬유예술가이자 디자이너 이지은 작가가 함께했다. 두술도가에 들어서자마자 우리의 눈을 단번에 사로잡은 것은 벽 한쪽에 진열된 희양산 막걸리의 빈 병들이었다.

예전에 두두에서 봤던 것은 그냥 흰 바탕에 붓글씨로 '희양산 막걸리'라고 쓴 것으로, 글씨 자체는 잘 쓴 글씨지만 이런 캘리그라피 라벨은 너무 식상해서 한주 디자인으로선 좀 자제해줬으면 하는 개

마시면 버려지는 막걸리병이지만
잠시라도 예술을 감상하고 이야기를 나눌 수 있는
시간이 되길 바라는 그 마음이 귀하다.

인적인 감상이 있었다. 그런데 이날 양조장 사무실에서 본 알록달록 다양한 그림체의 병들은 가히 눈을 즐겁게 해주었다. 비주얼 아티스트인 이지은 작가에게는 당연히 금방 첫눈에 들어왔고, 감각도 없고 눈도 침침한 나 역시 한참을 들여다보게 만드는 매력 있는 그림체의 라벨들이었다.

이 라벨들은 그림을 그리는 전미화 작가와의 협업을 통해서 만들었다고 한다. 김두수 대표는 개인적으로 전미화 작가를 천재라고 평가한다며 자랑을 했다. 본래 친분이 있기도 하지만, 영세한 양조장의 상황상 당연히 거액의 디자인 계약 같은 것은 하지 못했고, 술이 한병 팔릴 때마다 얼마씩을 주는 일종의 로열티 계약을 했다고 한다. 전 작가 입장에서는 큰돈이 될 정도는 아니라지만 일단 얼마라도 꾸준히 돈이 들어오는 방식이기도 하고, 또 전 작가도 희양산 막걸리를 좋아하기 때문에 흔쾌히 수락했다. 혹시 아는가? 양조장이 잘되면 큰돈이 안 되란 보장도 없는 것 아니겠는가. 아무튼 돈은 서로 큰 이슈가 아니고, 이렇게 해서 개성 넘치고 예쁜 병이 탄생하였다는 이야기다.

양조장 입장에서 보면 기존의 일반적인 라벨을 버리고 아트 라벨을 인쇄하는 것이 비용 문제에 있어 부담되는 투자일 것이다. 인쇄비, 품목 신청하는 행정비용 외에도 다양한 추가 비용이 발생할 수 있다. 그래도 과감히 새 라벨을 쓰기로 결정을 한 것은, 마시면 버려지는 막걸리병이지만 잠시라도 예술을 감상하고 이야기를 나눌 수 있는 시간이 되길 바라는 마음에서라고 한다. 그 마음이 귀하다. 고상(高尙)하다는 말은 이럴 때 쓰는 것일 테다.

아트 디자인의 병은 병이고, 개인적으로는 술에 많은 기대를 하고 온 것은 아니었다. 두두에서 마셨던 희양산 막걸리가 좋은 인상을 준 것은 아니었으니까.

술맛의 시간적 밸런스

김 대표가 새 제품이 나왔다며 9도와 15도, 두가지 버전의 술을 들고 나와 맛을 보여주었다. 우선 9도를 마셨는데, 오호, 이건 두두에서 마셨던 그 술과는 완전히 달랐다. 오히려 밸런스가 아주 좋은 편이었다. 맛의 시차가 느껴지지 않게 한결로 은은한 단맛과 감칠맛이 이동하고 신맛과 탄산은 돗자리같이 깔린다. 깔끔하고 간결한 퍼포먼스다. 화려하진 않지만 우아하다. 게다가 유기농쌀을 사용하는 프리미엄주임에도 가격이 무척 싸다. 어쩌면 마셔본 프리미엄 한주 중에서 가성비로는 최고가 아닐까 싶다.

유기농쌀을 써 술을 빚으면서 이렇게 싼 가격에 팔면 채산성이 좀 문제가 되지 않겠느냐 물었다. 시중에 나오는 유기농 막걸리들은 보통 이보다 두배나 그 이상 비싼 것을 알기에 물어본 말이었다. 김 대표는 애초에 술을 빚게 된 동기에 대한 이야기를 했다. 같이 모여 사는 마을에서 유기농 쌀농사를 짓는데 쌀 소비도 점점 줄고 비싼 유기농쌀이 잘 팔리지 않아서 그 쌀을 활용하는 차원에서 술을 빚기로 한 것이다. 그래서 일단 술을 빚으면 쌀을 많이 소비할 수 있으니 좋고, 진짜로 술이 많이 나가게 되면 그 이후는 천천히 생각해 보겠다는 투였다.

김 대표는 술 만드는 방법을 따로 배운 적이 없고, 그냥 책과 인터넷으로 공부를 했다고 한다. 책 중에서는 보통 전통주 양조가들이 안 보는 영어 원서가 있는 게 특징인 정도다. 양조장 시설도 상당히 단출하다. 그래도 '적정량'을 만들어서 적당한 가격에 파니까 유지할 만큼은 나가고 있다고 한다. 두술도가 양조장의 미래에 대해 물으니 앞으로 소주를 만들 계획 정도는 있는데 급격한 확장에는 현재로선 관심이 없다고 답했다. 그러면서 만드는 중인 소주를 들고 나와 맛을 보여주었는데 소주의 맛도 제법 훌륭했다. 2~3년은 있어야 출시할 것이라 하니 그때쯤이면 제법 숙성이 되어 나올 것이다. 기대가 진진한, 전도유망의 양조장을 또 발견한 것이 너무 기뻤다. 유일한 걱정이라면 술이 잘 나가면 돈도 못 벌고 힘만 든 가격 구조라는 것인데, 그건 김 대표 말대로 천천히 두고 보기로 하자.

자아실현하고 있어요

김 대표에게 귀농해서 가장 어려운 일에 무어냐고 물었다. 나도 농사짓는 삶은 아니지만 시골생활을 해봐서 어디 가면 그냥 어려운 일이 아니라 '가장 어려운 일'에 대해서 묻는다. 그러면 공통적으로 쓴웃음이 먼저 나오고 '어려운 일이 어디 한둘인가' '전부 다 어려워서 뭐가 제일 어려운 일인지는…' '지금도 계속 어려운 중이라서…'

같은 대답들이 돌아온다. 술잔이라도 앞에 있다면 30분 정도는 어려운 일 이야기로 훌쩍 지나가게 마련이다.

하지만 여기 두술도가에서는 좀 달랐다. 예의 쓴웃음과 더불어 '다 어려웠지요, 지금도 어렵고…'라는 말이 이재희 씨 입에서 순식간에 흘러나왔다. 그 옆에서 김두수 대표는 별말이 없다. 처음 한 10년은 몸 고생, 마음고생이 심했다고 한다. 특히 김두수 대표가 더 그랬단다. 벌써 시음으로 술도 한잔씩 했겠다, 보통 이런 이야기는 구구절절 제법 디테일을 가지고 이어지는 게 보통인데 '10년은 고생했지요…'에 이어지는 말이 '이제 술을 빚게 되어서 자아실현을 하고 있어요'라는 것이다. 그러고는 쓴웃음이 아닌 편안한 웃음이 돌아왔다.

농사짓고 술 빚는 것은 육체적으로 중노동이다. 딱히 큰돈을 만질 것 같지도 않고, 경제적으로는 크게 노나는 것이 없는 게 시골생활이다. 자기 땅이 있다면 땅값이 오를 수도 있겠지만 그것도 길이 뚫리거나 개발을 한다는 소리가 있어야지 말이고, 소득이란 개인의 중노동에 기반해서 늘어나고 줄어드는 것이 기본이다. 두술도가 술들의 가격을 보면 이건 짐작이 아니라 거의 인증이다. 그러니까 이 미소를 찾아준 것은 경제적인 것보다도 아마 '자아실현' 쪽일 것이다. 시골에서 큰돈 만지기는 어려워도 공기 좋고 물 좋고 무언가를 기르고 가꾸며 느끼는 보람도 있다. 그것만으로는 행복하기에 부족하다고 생각할 사람도 있다. 나도 그런 정도로 소박하게만 살기에는 욕심이 좀 있는 사람이다. 내 생각에 시골 사는 즐거움은 '자기 것'을 만들어갈 수 있다는 바로 그 점이 아닐까 한다.

도시는 기회가 많지만 그 기회는 다 남이 주는 것이다. 남의 기준으로 잘하고 못하는 것이 가려진다. 나도 서울에서 나고 자라고 직장생활이며 장사도 오래 했지만 다 남의 눈치만 보고 살았다(돌아가신 어머니가 들으시면 뒷목 잡으실 것 같긴 하지만 그렇게 생각한다). 자기 것 없이 살다가 시골에 와서 요리도 하고 글도 쓰다보니 알아주는 사람은 없어도 자못 제멋대로 하며 생기는 것이 있다. 자기 것이 있으면 그게 또 돈도 되고 하는 것이겠지. 이런 양조장들이 그걸 보여줄 때가 올 것이다.

양조장에 가면 보통은 묻고 듣는 쪽이지만 두술도가에서는 어쩐지 마음이 통한다고 할까, 그래서 내가, 우리가 주문진 생활하는 이야기도 많이 늘어놓았다. 양조장 어느 곳이나 갔다 오면 또 가보고 싶은 곳들이고 양조가와의 만남은 언제나 즐겁고 배움이 많지만 특히 여기는 한번 날 잡고 와서 늦게까지 술 한잔 기울이면서 얘기해보고 싶은 곳이었다.

두술도가를 나와서 차에 오르자마자 궁금했던 아자개에 대해 검색을 해보았다. 아자개는 농민 출신으로 신라 말기의 혼란기에 지역에서 세력을 키워 장군이 되었다고 한다. 농민 출신이기는 하지만 『삼국유사』의 기록에 따르면 아자개의 조상은 신라 진흥왕이다. 몰락 왕손이 다시 일어나는 과정에서 『삼국지』의 유비가 오버랩된다. 아버지 아자개는 신라 왕족 출신의 장군이고 아들 견훤은 전라도에 가서 나라를 세워 백제를 이어서 신라를 멸망시키고… 이 과정에서 지역감정의 부추김이 없을 수 없었을 것이다. 그러나 신라에게 멸망당한 백제 사람들의 한은 후삼국이 일어나던 시점에서 따지면 물경 300년 전의 이야기다. 그런데도 경상도 출신의 사나이(게다가 따져보면 신라 왕실 혈통)가 갑자기 나와서 백제를 부흥하자는 소리가 먹혔다는 얘기다.

말년의 중앙정부란 어지간히 정치를 못했기에 말년이 온 것이긴 하지만 상대적으로 정치가 잘되었다는 통일 초기부터 이후 300년 동안 다른 지역 사람들을 꽤나 2등시민 취급을 했나보다 싶다. 하긴 이 신라 본토 사람들의 폐쇄성이야 지금도 생생한 상황이다. 게다가 핏줄로 신분 따지는 신라의 골품제에서 백제나 고구려 유민은 최상층으로 들어갈 여지가 원천봉쇄되었을 것이다. 애초에 화백제도 같은 것도 말이 좋아 협의제지 소수의견 입 막기에 최적화된 시스템이다. 중구난방(衆口難防)이라는데 이렇게 하면서도 300년이나 용케 잘 버텼구나 싶었다.

지역감정을 이용해 뭔가를 해보려는 사람들이 이런 역사를 좀 알았으면 좋겠다. 광신이란 무지를 먹고 자라니, 잘 아는 사람은 꾀기가 힘든 법이다.

두술도가
경북 문경시 가은읍 가은5길 7 아자개장터
010-4276-2329

두술도가 테이스팅 노트

희양산 막걸리 9도

밸런스가 좋고 깔끔하기로는 근래 드믄 수작이다. 마셔도 마셔도 취하지 않을 것 같은 술이고 시간이 천천히 흐르길 원하게 되는 느낌이다. 라벨의 그림을 감상하며 마음을 자연에 맡겨보시라. 도원경이 따로 없다.

산미 | 중 감미 | 중 탁도 | 중 탄산 | 중하 도수 | 9%

희양산 막걸리 15도

15도의 희양산 막걸리는 9도와 비슷한 개성이지만 무게감이 다르다. 9도가 식사 반주에서 낮술까지 전반적으로 잘 어울린다면 15도는 좀 술을 마시겠다 하는 자리에서 마시는 술의 느낌. 근육이 탄탄한데 날렵하고 깔끔한 퍼포먼스를 보여주는, 경량급 씨름장사 같은 느낌이다.

산미 | 중 감미 | 중 탁도 | 중 탄산 | 중하 도수 | 15%

2

문경주조

한모금 마셔보면 사지 않을 수 없는

문경주조와의 인연은 오미자 막걸리로부터 시작되었다. 세발자전거 초창기에 팔도 막걸리를 다루다보니 자연스럽게 문경의 오미자 막걸리도 취급하게 되었다. 당시 세발자전거에는 특유의 승강급 시스템이 있었다. 매주 열두가지 술을 소개하고 판매랭킹(병수)에 따라서 하위 3개의 술은 강등(2부 리그가 따로 있는 게 아니니까 사실상 퇴출)되고 다시 3개의 새로운 술이 들어오는 시스템이었다. 매주 술이 바뀌는 가운데 오미자 막걸리도 어느 주엔가 판매가 부진한 탓에 메뉴에서 빠지게 되었다.

이것도 장사로 보면 좀 엉성한 발상인 것이, 한주 정도는 무슨 일이든 있어서 늘 상위권에 있던 술도 빠질 수 있는데 그 술을 찾아 세발자전거에 오시는 손님들께는 섭섭하기 그지없는 일이었을 것이다. 그러니 자칫 단골 쫓는 일일 수도 있었다. 지금같이 술의 종류가 많아 대체제를 찾기가 쉽고, 가게 규모가 커서 손님들이 많이 와 술의 회전도 좋은 상황이었다면 해볼 만한 일이었겠지만. 어쨌든 전국 각지의 되도록 많은 술을 소개하고 싶은 욕심이 있다보니 한번 빠진 술은 가끔 앵콜전 같은 것을 할 때가 아니면 다시 소개하는 경우가 없었다(앵콜전은 1년에 한번도 안 했던 것 같다). 그리고 되도록 감미료 무첨가의 술을 찾아서 소개하는 것이 우선순위이던 차라 아스파탐이 들어가는 오미자 막걸리는 매출 면에서는 나쁘지 않았지만, 굳이 찾아서 팔 입장은 아니었다고 할까.

그래서 문경주조와의 인연도 슬슬 엷어지던 어느 시점에 이 양조장에서 '문희'라는 프리미엄 탁주를 출시했다. 문희를 취급하면서 다시 문경주조와 거래를 하게 되었고 이후에 오미자 스파클링 막걸리 '오희'와 탁주를 맑게 걸러낸 '맑은 문희주'가 출시되면서부터는 꾸준히 문경주조의 술을 취급하고 있다.

세발자전거를 운영할 당시에 문경주조의 홍승희 대표가 직접 가게를 찾아온 적이 있는데 그때 그를 처음 만났다. 홍승희 대표는 주류 유통업을 거친 여장부 스타일의 양조가다. 작달막하지만 단단한 체구에 목소리도 걸걸하다. 안정적인 저가 막걸리 시장에 안주하지 않고 프리미엄 시장을 개척하는 것도 인상 깊었다. 처음 나왔던 프리미엄주인 문희 탁주는 당시(그리고 현재도) 시장의 주류인 달고 묵직한 스타일의 술이라 차별화된 셀링 포인트를 찾기가 쉽지 않았다. 문희 탁주 중에서 오미자가 첨가된 버전은 특색이 있었는데 이것은 또 호오가 갈려서 안 그래도 얇은 프리미엄 한주 시장에서는 많이 팔리지 않는 편이었다. 솔직히 업장의 입장에서 한달에 한박스 팔기가 쉽지 않다보니 재고관리에 어려움이 있었다.

세발자전거를 접고는 개인 SNS를 통해 한주C 큐레이션 이벤트를 하면서 근근이 업자의 허울만 이어가는 정도라 어디서 술 좀 팔아드린다 소리는 하기도 힘들 정도의 매출이었지만 그래도 문경주조의 오희와 맑은 문희주는 제법 신이 나서 홍보를 하고 다녔다.

오희는 법적으로는 탁주로 분류되지만(그래서 주세율도 낮게 적용받지만) 영락없는 스파클링 와인 스타일이다. 2018 평창동계올림픽 개막식 만찬에서 건배주로 선정되기도 해서 마침 타이밍도 좋았다. 오미자 스파클링 와인 분위기라 색도 진홍색으로 아름답고, 탄산이 섬세하고 부드러운 스타일에 너무 달지 않아서 정말 로제 스타일의 샴페인을 방불케 한다. 단지 열 때는 상당한 숙련이 필요한 것이 옥의 티. 술이 들어차고 병에 여유가 좀 있어야 탄산을 빼는 과정이 쉬워지는데 그런 마진이 너무 적다. 이건 양조장 측에서 조금 개선을 해주었으면 하는 부분이다.

그리고 2년이라는 장기숙성을 거친 맑은 문희주는 지금도 내가 개인적으로 즐기는 술이고 남에게도 주저 없이 추천한다. 특히 맑은 문희주는 내가 평소 주장하던 '장기숙성주'의 최초의 상품화 케이스이기도 해서 비싼 가격에도 불구하고 되도록 많이 소개하고 마신다. 애초에 서울의 고급 백화점으로 물꼬를 텄던 맑은 문희주의 판매는 여전히 호조다. 처음에는 백화점 납품 물량을 대기도 힘들 정도로 물량이 적었고, 제조 과정의 특성상 급히 술을 많이 만들 수도 없었지만 이제는 기존의 백화점은 물론이고 인터넷으로도 판매하고, 주점으로도 판로가 넓어지고 있다. 거기에 양조장을 직접 찾아오는 사람들이 사가는 경우도 많다고 한다. 사실 이 술은 한잔 시음을 해보면 만만찮은 가격에도 불구하고 사지 않기가 힘들다. 의심스러우면 직접 한잔 마셔보시라. 달고도 그윽한 그 깊이, 묵직한 보디를 잊게 만들어주는 산미와 감미의 조화, 그러다가 다시 술의 무게감을 돌아보게 만드는 감칠맛이 기승전결의 흐름을 박진감 있게 전개한다. 와인으로 따지면 상당히 고가의 디저트 와인과 견주어도 결코 뒤떨어지지 않는다. 오히려 이 정도 탄탄한 구조감의 스위트 와인은 별로 경험한 적이 없다는 생각이 든다. 재료는 쌀과 우리 밀로 만든 누룩, 맑은 물, 그리고 세월이다.

최초의 장기숙성 발효주

장기숙성은 정말 좋은 술을 만드는 데 있어서 관건이라고 할 수 있는 요소다. 알코올은 시간이 지남에 따라 분자구조가 변해가면서 안정화되고 여러가지 향 성분이 나오기도 한다. 쌀과 누룩, 물만 가지고 만드는 술도 그렇지만 오미자나 다른 약재 등 가향재를 쓰는 경우나 오크통에 숙성을 하는 경우라면 숙성에 절대적으로 시간이 필요하다. 앞서도 설명했듯 무작정 오래될수록 점점 좋아진다는 것은 아니다. 술도 살아 있는 생명체라서 어느 시점에서 절정을 맞고 그 이후에는 조금씩 내리막길을 걷게 된다. 내리막길이라고 꼭 나

사람도 나이가 들어감에 따라
더 좋은 모습을 보이는 경우가 있듯이
술도 개성에 따라
가장 좋은 때가 달라진다.

쁜 것은 아니다. 사람도 중년이나 노년에 더 좋은 모습을 보이는 경우가 있듯이 술도 개성에 따라, 또 마시는 사람의 취향과 관점에 따라 가장 좋은 때가 달라진다. 어쨌든 생주의 경우 병입 후 최대 6개월이라는 현재의 주세법은 주당들 입장에서 보면 아직 너무 미숙한 술을 때 이르게 개봉해서 마시게 하는 악법이다.

하지만 우회로는 있다. 하나는 나처럼 술을 사서 김치냉장고 같은 곳에 쟁여두는 것이다. 업소에서는 식품위생법 때문에 할 수 없지만 개인이 술을 사서 보관해두다가 언제 마시든 그건 개인이 알아서 할 소관이다. 나에게는 이렇게 보관해둔 몇년 묵은 소장품들이 있는데 가끔 한병씩 딸 때마다 그 흥미가 진진하다. 언제나 좋은 것은 아니지만 안 좋은 것은 그것대로 또 공부가 된다. 보관 방법을 어떻게 할 것인지, 어떤 술의 절정기는 언제인지 등 여러 의문들에 대한 나만의 데이터가 쌓여간다. 오로지 탈법으로만 가능한 데이터 축적 방법이라고나 할까. 개인적으로 술을 보관해서 마시는 것이야 식품위생법에서 관여할 일은 아니겠지만.

다른 하나는 문경주조처럼 양조장에서 병입 전에 장기숙성을 시켜서 내놓는 것이다. 사실 병입해서 2년 숙성이나 2년 숙성 후 병입이나 술의 나이는 똑같다(물론 병입 후에 양조장을 떠나면 그때는 유통 과정에서 어떻게 보관하느냐에 따라 술의 상태가 천차만별이 되기는 한다). 그럼에도 불구하고 이런 바보 같은 법을 만들어서 사람 머리를 쓰게 만드는 것이 우리나라 주세법이다.

맑은 문희주는 현재로서는 장기숙성 발효주를 제품화한 유일한 경우다. 나의 경험상 맑은 문희주 같은 술들은 4~5년, 혹은 그 이상이 피크라고 볼 수 있는데 비즈니스라는 관점에서 보면 그렇게 장기간 술을 숙성시키는 것 자체가 전부 비용이라서 당분간은 이렇게 장기숙성시킨 술이 나오기 쉽지 않을 것이다. 하지만 고급주에 대한 수요는 예상 밖으로 빨리 올라오고 있으니 곧 3년이고 5년이고 숙성한 술을 마실 수 있을지도 모른다. 일본 사케의 고슈(古酒) 시장이 그러하듯이.

여기서 외국, 구체적으로는 우리나라 주세법의 모태가 되는 주세법을 만들어주고 떠난 일본의 예를 살펴보자. 일본은 우리나라에 구속복 같은 주세법을 만들어놓고 자기들은 얄밉게도 주세법령을 하나하나 개선해나가고 있다. 주세법을 처음 만들 때도 일본을 보고 했으니 개선할 때도 잘 모르겠으면 일본 법령 개정이나 꼬박꼬박 따라하면 좋으련만 또 그런 것은 잘 못하는 우리나라 기획재정부고 국세청이다. 최근 '4캔 만원 수입맥주'와 관련해 주세법 개정을 비롯한 여러가지 규제 개선이 있었지만 시선이 한주 발전이 아니라 대기업에 의해 지배되는 소주, 맥주 시장을 위주로 하고 있고 한주는 그에 따라서 부수적으로 영향을 받는 처지다.

각설하고, 일본 양조장들이 근래 '고슈'라는 상품 카테고리를 만들어 오래된 술을 비싼 가격에 프리미엄으로 판매하고 있다. 고슈는 생주도 아닌 살균한 술들이지만 10년 이상 숙성된 술들도 있다. 시간이 지남에 따라서 자연스럽게 숙성이 되어 중후하고 깊은 맛과 향을 느낄 수 있다. 생주가 아니기 때문에 장기숙성에 더 유리한 점이 있는 것도 사실이고, 숙성의 효과는 미생물 활동의 결과가 아닌 분자구조의 변화라거나 통 숙성 과정에서 향미 증진 등의 부분도 있기에 살균주도 장기숙성 효과는 충분하다. 그리고 살균했던 술이라도 다시 미생물을 투입해 생주화하는 것도 가능하다. 일본 사케 업계는 배양된 특정 효모만을 사용하기 때문에 미생물을 투입하는 방법을 사용하기가 비교적 쉬운 편이다.

고슈는 갓 나온 술에 비해 분명 품질의 강점이 있어서 일본 내에서는 물론 국내에도 사케 마니아들 사이에서 고슈를 즐기는 사람들이 늘고 있다. 국내까지 배송되는 술로 가장 오래된 것은 1976년에 양조된 술도 보았다. 스카치위스키가 그렇듯이 일본의 고슈도 애초에 이 술은 몇년, 몇십년을 묵히겠다고 계획했다기보다는 주류업계의 역사가 쌓이면서 자연스럽게 상품화되고 발전하게 된 것이다. 우리나라도 당연히 이런 오래 묵은 술에 대한 시장이 열릴 것이고 장기적으로는 일본 사케나 스카치위스키같이 10년, 그 이상을 바라보고 상품을 기획하게 될 것이다.

고객에게 더 가까이

문경주조는 일찍이 2015년에 '찾아가는 양조장'으로 지정되었다. 해마다 오가면서도 이렇게 일찍 지정이 된 줄은 몰랐는데, 최근에는 판매장이며 시음시설 등을 갖추어 본격적으로 손님을 맞이할 준비를 마쳤다. 최근에 방문했을 때도 건너편에 젊은 청년 세명이 와서 시음을 하고 있었는데, 바람결에 실려오는 이야기를 들으니 강원도 동해에서 왔다고 한다. 강릉에서 찾아간 나로서는 지척의 이웃이고 강원도는 트렌드에 늦기로는 전국에서 손꼽을 지역인데도 한주를 찾아 이렇게 멀리까지 온 청년들이 있다는 것에 뿌듯한 마음이 들었다. 단순 방문은 아닌 것 같고 창업을 염두에 두고 공부차 온 눈치인데 양조장인지 술집인지 혹은 다른 종류의 한주 관련 스타트업인지 몰라도 굳세게 성장하길 속으로 기원했다.

최근에는 주말에 양조장을 찾는 사람이 확실히 늘었다고 한다. 문경은 서울에서 출발한다면 당일로 오기는 좀 먼 곳이라 사람이 많이 늘었다면 인근의 경북이나 충청권에서 온 사람이 제법 된다고 봐야 한다. 다시 말해서 지방에도 프리미엄 한주의 바람이 불고 있고, 여행을 가면 그 지역의 음식과 더불어 술도 즐기는 문화가 정착되고 있다는 뜻이다. 프리미엄 한주의 미래는 앞으로 몇년간은 확실한 상승세를 탈 것으로 생각한다.

문경주조
경북 문경시 동로면 노은1길 49-15
054-552-8252

문경주조 테이스팅 노트

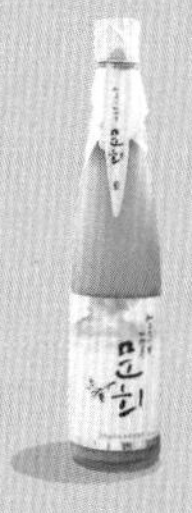

문희 탁주

달고 녹진한 찹쌀술의 정수라고 할 수 있다. 좀 진한 탁주인지, 좀 묽은 요거트인지 싶게 텍스처가 있는 것이 특징. 액체 찹쌀떡 같은 느낌이라고도 할 수 있겠다. 이것도 장기숙성을 시켜서 마셔보면 달고 쫀득한 사이로 산미와 감칠맛, 그리고 다양한 향이 흘러나오는 것을 느낄 수 있다. 술 자체가 단맛도, 보디도 존재감이 강렬하기 때문에 음식 궁합을 맞출 때는 술을 주연으로 생각해주어야 한다. 생각나는 것은 미역 초절임이나 가볍게 삶은 꼬막.

산미 | 중하　감미 | 상　탁도 | 중상　탄산 | 하　도수 | 13%

오희

탁주라지만 실은 밑에 아주 곱게 가라앉은 침전물을 건들지 않도록 조심스럽게 따르면 딱 오미자 스파클링 와인이다. 곱고도 몽실거리는 탄산이 일반 포도보다 산미와 떫은맛이 강한 오미자의 개성을 감싸서 품격을 높여준다. 강하게 흔들어서 따는 것은 탄산이 많아 금기지만 일부를 따라내고 반 이하가 남았을 때는 흔들어 탁주 형태로 마셔봐도 좋겠다. 오미자 막걸리의 고급 버전이란 이런 것.

산미 | 중상　감미 | 중하　탁도 | 중하　탄산 | 상　도수 | 8.5%

맑은 문희주

2년 이상을 숙성시켜서 출하하는 프리미엄 청주. 세월의 힘으로 단맛의 줄기에서 여러가지 맛이 꽃처럼 피어나는 느낌이다. 깊이가 그윽하다는 말이 생각나게 하고 언뜻 산미가 비쳐 들어오고 또 향나무 같은 씁쓸한 향도 피어나는 등 정말로 완성된 청주를 향해서 가는 길에 있는 것으로 보인다. 2년 숙성으로도 아직은 좀 부족하고 5년 이상은 되어야 본모습이 나오지 않을까?

산미 | 중하　감미 | 중상　감칠맛 | 중하　점도 | 중상　도수 | 13%

3

문경호산춘

황희 정승의 후손이 빚는 술

원래 호산춘은 선대 고(故) 황규욱 대표를 만나기로 하고 왔던 곳이다. 2017년의 일이었다. 그런데 양조장 문을 들어서며 대표님을 뵈러 왔다고 하니 일가붙이인 듯한 청년 둘이 양조장을 지키고 있다가 지금 집안에 초상이 나서 양조장 분들이 다 상가에 있다고 알려주었다. 어느 분 상사냐고 물으니 황규욱 대표 본인이란다. 이런 일이 있나. 우선 황망히 조의를 표하고 다음에 찾아뵙겠다며 물러났다.

그리고 약 1년 만에 다시 연락을 해서 찾아가기로 했다. SNS 이벤트로 진행하던 한주 구독 서비스 한주C의 추석 특집을 '반가(班家)의 제주(祭酒)'라는 주제로 큐레이션을 하기로 결정한 후다. '반가의 제주'라는 주제에 호산춘이 적당하다고 생각한 것은 이전에 마셔본 술의 주품이 상당했을 뿐 아니라 이 술이 황희 정승의 후손에 의해서 빚어지고 있다는 점 때문이기도 했다. 호산춘 양조장이 자리잡은 문경시 산북면 일대는 장수황씨 사정공파(司正公派)의 집성촌이다. 황희 정승의 증손이 되는 황정(黃珽) 공이 이곳으로 입향하여 이후로 500년 세거를 이루고 있는 곳이다. 호산춘은 이 집의 가양주로 봉제사 접빈객에 쓰여온 가전의 비주(秘酒)다.

다시 찾아가 만나게 된 사람이 아들인 황수상 대표. 당시 마흔이 채 안 된 젊은 양조가였다. 황수상 대표는 원래 건축을 하던 사람이다. 건축계에서 활약하고 있었지만 종손으로서 언젠가는 고향으로 돌아와 가업을 이을 생각은 있었다고 한다. 그런데 부친이 돌아가시고 조금은 갑작스럽게 양조장을 이어받게 된 모양으로, 우선은 대학의 양조 학위과정에서 공부를 해서 이제 석사과정을 마쳤다고 했다.

호산춘은 말 그대로 가양주, 전통주인지라 현대적 양조기술을 공부하고 나서 양조에 반영된 부분이 있는지, 기존의 방법에서 더 개선하고 싶은 부분이 있는지 물어보니 술에 대해 아는 것이 없어 공부는 했지만 할머니가 문화재 시절부터 해오던 방식에서 딱히 바뀐 것도, 바꾸고 싶은 것도 없고 다만 언제나 기본에 더욱 충실하고자 한다는 대답이 돌아온다.

수출이나 인터넷 판매 등에 대해서도 물어보니 현재는 딱 한곳을 통해서 인터넷 판매를 하고 있는데 비중이 큰 편도 아니고, 인터넷 판매를 한다고 매출이 급격하게 늘어날 것 같지도 않단다. 또 급격하게 늘어나면 그런 상황에 맞추어 품질을 유지하면서 술을 만들 수 있을지도 아직은 잘 모르겠어서 그저 서둘지 않고 해나가고 있다고 덧붙였다.

문화재청 국가문화유산포털에는 호산춘에 대한 설명이 다음과 같이 되어 있다.

문경시 산북면 대상리 주변에 한데 모여 살고 있는 장수황씨 후예들이 빚어 먹던 술로 손님을 대접할 때도 사용했던 유명한 술이다. 약 200년 전 장수황씨들은 모두 집안 살림이 넉넉하고 생활이 호화로워서 보다 향기롭고 맛이 있는 술을 빚기 시작했다. 그중 황의민이란 시를 즐기는 풍류가가 자기 집에서 빚은 술에 자기 시호인 '호산'과 술에 취했을 때 흥취를 느끼게 하는 춘색을 상징하는 '춘' 자를 따서 '호산춘'이라고 이름을 지었다고 한다.

호산춘은 멥쌀, 찹쌀, 곡자, 솔잎, 물로 담그고 술이 완성되는 기간은 약 30일이 걸린다. 이 술은 매우 향기롭고 약간 짠득한 끈기가 있으며, 특이한 점은 똑같은 원료와 똑같은 방법으로 술을 빚어도 산북면 대상리 이외의 곳에서 술을 빚으면 제맛을 내지 못한다고 한다. 꼭 산북면 대하마을에서 나는 물을 새벽 0시에서 4시 사이에 길어 와서 끓이고 식혀서 술을 빚어야 제맛을 낼 수 있다고 하는데, 그것이 그 향기와 맛과 더불어 호산춘의 특징이다. 현재 기능보유자 권숙자에 의해 전승되고 있다.

권숙자 씨가 바로 황수상 대표의 어머니다. 근래 문화재의 전수가 부계 쪽으로 이어지는 경향이 있는 데 반해서 여기는 할머니에서 어머니로 이어진 것도 양반집다운 특징이라면 특징이다.

호산춘은 개인적으로 그해 추석 때 성묘 가서 음복주로 썼다. 집안 어르신들부터 형제들, 조카들까지 다 모였는데 다들 마셔보고는 칭찬을 아끼지 않았다. 적당히 달면서도 가볍고, 과일향과 곡물향이 어우러진 호산춘은 운반하는 동안 차 속에서 좀 흔들려 시달린 기색은 있지만 온도는 마시기에 최적화된 상태였다. 집안 어르신들 중에서는 "설마 한국 술이 고급 사케보다 좋을 수는 없겠지"라고 말씀하셨던 분도 계셨는데 아마 이날을 계기로 생각이 좀 바뀌신 눈치였다. 이런 게 보람이지. 이 정도면 조상님들도 기뻐하셨을 것이다.

장수황씨 종택

기왕 양조장까지 왔으면 인근의 장수황씨 종택은 한번 둘러볼 만하다. 여기가 바로 1989년에 황 대표의 할머니가 민속주 추천을 받아 처음 술을 빚기 시작한 곳이고, 1991년 무형문화재(경상북도 무형문화재 제18호)가 되면서부터 조금씩 확장해서 2014년 현 위치로 공장을 지어 이전할 때까지 도가가 있던 곳이라고 한다.

이 종택 자체가 경상북도 민속문화재(제163호)로 지정이 되어 있고 종택 안에 있는 400년 묵은 탱자나무는 입향조 황정 공이 심은 것으로 2019년 12월 국가지정문화재 천연기념물 제558호로 지정되

이 집에서 그 옛날 빚었던 술은
어떤 맛이었을까.

집을 보며 술맛을 상상한다.

었다.

가보면 알지만 이 종택은 언제나 개방되어 있고 방문객을 위한 화장실도 마련되어 있다. 별것은 아니지만 사람이 오가면 관리의 문제가 생기고 그 문제를 해결하자면 비용이 들게 마련인데, 입장료가 있는 것도 아니고 물건을 팔지도 않는다. 종택의 탱자나무뿐 아니라 근처에 있는 대하리 소나무(천연기념물 제426호)도 문중에서 관리하는 천연기념물이고 세종대왕이 직접 하사했다는 벼루를 비롯해서 집 안에 보물이 가득하다. 그것으로 돈벌이할 생각은 해본 적도 없는데 찾아오는 사람들은 정부 보조나 지원이 있는지를 묻는다며 우리 집 돈벌이가 궁금한 모양이라고 황 대표는 쓴웃음을 짓는다.

장수황씨 종택은 옛날 양반집으로 건축물 하나하나는 웅장하거나 화려한 맛이 있는 것도 아니고 건물의 수가 아주 많은 것도 아니다. 관광지나 촬영지로 이름난 그런 고택들에 비하면 소박하다고 할 정도인데, 그 자연스러운 맛이 사람을 편안하게 하고 여러가지 상상을 하게 해주어 오히려 좋다.

전통주의 계량 문제

문경호산춘이 황씨 문중의 오래된 가양주를 바탕으로 한 술이니만큼 전통주와 계량의 문제에 대해 한번 짚고 넘어갈 기회겠다. 한식이나 전통주를 하는 사람들에게 계량의 문제는 영원한 수수께끼

다. 옛날 주방문을 보면 계량 자체가 없이 재료만 줄줄 적어놓은 경우가 꽤 있다. 그게 아니면 계량은 있는데 주관적이다. 물에 완전히 잠길 정도, 질척해질 쯤, 이런 주관적인 표현들이 많은데 어떤 성상(性狀)을 나타내는 경우에는 숫자 계량보다 이 말이 더 쓸모 있는 경우가 많다.

되, 말 같은 계량 단위가 있다 하더라도 동네마다 집집마다 말과 되의 크기가 다 다를 수 있기 때문에 또한 문제가 된다. 중국을 통일한 진시황의 업적 중 손꼽는 것이 바로 도량형 통일이다. 지역마다 말과 되의 용량이 달라 소통이 혼란스러웠던 것을 바로잡기 위함이었다. 정도의 차이는 있지만 우리나라도 근대에 이르기까지 이 단위가 조금씩 달랐던 것이 현실이다.

우리나라는 현재 미터원기를 쓰고 있다. 그래서 되로 얼마, 말로 얼마, 동이로 얼마가 등장하면 골치가 아프다. 미터원기로 환산된 표준량이 있는데, 이건 일제강점기 일본 기준으로 맞춘 것이라 그 이전의 지역 도량형과의 관계는 오리무중이다. 그러니 안동 어느 집에서 쓰는 되와 전주 어느 집의 되가 달랐고, 당연히 술 빚을 때도 이 계량이 다를 수밖에 없다

게다가 여러 양반집에서 나온 주방문들을 보면 같은 술 이름에 집집마다 레시피가 다른 경우가 허다하다. 아니, 같은 경우가 없다고 하는 것이 더 정확한 표현일 것이다. 여기에 쌀과 다른 재료의 품종이나 작황도 지역마다 다 다르고 누룩에 이르러서는 자연균 포집이라 그때그때 같은 집 같은 방에서도 아랫목에 가까운 것과 창에

가까운 것이 상태가 다 다를 정도니까 도량형에 대한 집착은 그저 잊는 것이 차라리 속 편할 정도다.

황 대표는 대학에서 정식으로 양조와 미생물을 공부한 사람이고 공대 출신이라 숫자에 밝고 민감하다. 양조장 내력을 말해달라고 하면 그저 할머니가, 어머니가 하는 것이 아니라 몇년에 어떤 일이 있었고 어떤 지정을 받았고 하는 식으로 메모도 보지 않고 꼼꼼히 말하는 스타일이다. 그런 그가 사진을 몇장 보여줬다. 그릇이며 되며 동이를 찍은 사진이었다. 황 대표가 보여준 그릇들이 호산춘 주방문의 계량 단위인데, 이걸 미터법이나 다른 도량형 단위로 환산을 안 했을 뿐이지 정확히 쌀을 몇번, 물을 몇번 넣으라고 언급되어 있다고 한다. 그러니 계량이 없는 것이 아니고 단지 지금의 단위와, 그리고 다른 집안의 단위와 호환이 안 될 뿐이라는 것이 황 대표의 의견이다. 한주와 한식이 계량이 없어서 세계화가 안 된다고 주장하는 사람들이 있는데, 이건 책으로 술과 요리를 배운 서생님들 이야기다. 자기가 배운 방식으로 해결 안 된다고 옛날 사람들을 무식한 사람 취급하는 것일 뿐이다.

나는 이에 더해서 좀더 급진적인 견해를 가지고 있다. 일단 도량형 이전에 지역마다 쌀과 밀과 보리의 품종이 다르고 해마다 나는 곡식의 상태가 다른 문제가 있으며, 몇대를 이어온 술일수록 빚는 사람이 주관적으로 느끼는 맛도 다를 수 있다. 지금 종부 입맛과 100년 전 종부 입맛이 같으리란 보장이 하나도 없다. 이건 개인차도 있지만 시대의 차이도 있을 수 있다. 100년 전 단맛은 지금보다 훨

옛 주방문이라고 해서
계량이 없는 것은 아니다.
다만 지금의 단위와 호환이 안 될 뿐이다.

씬 구하기 어려웠고, 그래서 단맛 자체로 '고급진' 맛이었을 것이다. 반면 요즘 과한 단맛은 술꾼들의 거드름 섞인 폄하의 대상이 되기 일쑤다. 단맛이 싸고 흔해진 영향이 없을 수 없다.

술을 만드는 재료인 쌀만 보더라도, 단적으로 통일벼 이전의 쌀을 지금은 거의 찾아볼 수가 없다. 통일벼도 생산량으로 일세를 풍미했을 뿐이지 밥맛이 없다고 밀려나 지금은 단백질 함량이 높다느니 더 찰지다느니 독특한 색과 향이 있다느니 하는 여러가지 신품종 쌀들이(그중 상당수가 아키바레, 고시히카리 등의 일본 품종과 그 직계 후손이다) 시장에 나와 있다. 양조장에서 술을 빚는 쌀도 이런 현대 품종들 중 하나다. 100년 혹은 그보다 앞선 시대의 쌀과는 탄수화물 함량부터가 다르다. 옛날 쌀이 가끔 남아 있다 한들 그걸로 술을 빚는다? 막걸리 한병에 10만원 정도는 받아야 할 것이다.

게다가 누룩의 경우는 어떤가? 누룩이 제 품질을 유지하는 것은 종균을 써가며 관리하는 현대식 공장에서도 쉬운 일이 아닌데 그 옛날 삼복더위에 아랫목에서 혹은 처마 밑에서 띄운 누룩이 일정한 품질을 유지하길 바라는 것은 어불성설이다. 이런 환경에서라면 그나마 사람의 입맛이 일관성이 있는 편일 텐데, 이 입맛에 맞추려면 각종 재료의 가감이나 숙성 기간의 조절 등은 그야말로 '케이스 바이 케이스'가 된다. 주방문이란 것은 그저 얼개를 추상적으로 늘어놓는 정도고 진정한 술 빚기 교육은 시어머니가 며느리 손 붙들고 도제식으로 가르치는 수밖에 없었을 것이다. 그래서 아예 재료만 늘어놓은 주방문이라도 문제가 없었던 것이다. 사람의 감각으로 환경에 맞추는 가감은 정확한 계량을 필요로 하지 않는다.

옛날 책을 연구하고 그것을 구현하는 것은 필요하고 가치가 있는 일이지만 그걸로 박제한 전통을 우상 삼아서 '이것이 옛날 그 술이다'라고 하는 것은 시대에 뒤떨어진 일이다. 실은 거짓말이다. 현재 상황에서 오래전 술이나 음식을 정확히 복제할 방법은 전혀 없다. 요리나 술을 배우는 사람들이라면 이 점을 알아야 진짜 제대로 된 술과 음식이 나온다. 일정량을 일정한 방식으로 가공해서 일정 기간에 결과를 내는 것이 과학적인 접근이고 산업이라지만, 살아 있는 식재료와 살아 있는 미생물들과 더불어 일하는 양조장에서의 이런 접근은 방향 자체가 틀렸다고 생각한다.

문경호산춘

경북 문경시 산북면 운달로 7길

문경호산춘 테이스팅 노트

호산춘

젊거나 발랄한 분위기는 아니지만 매끈하고 세련되었다. 정승의 잘 손질된 예복 깃을 보는 느낌. 어느 정도 단맛이 있는 편이지만 그게 인상을 결정짓는 요소는 아니다. 맛을 표현하려고 해도 도리어 '색'이 떠오르는데, 화이트와인으로 말하자면 장년기에 이르렀을 때 나오는 호박색의 술이기 때문이기도 하지만 장기숙성주가 아님에도 신기하게 연륜이 느껴지기 때문인 듯하다.

산미 | 중 **감미** | 중상 **감칠맛** | 중 **점도** | 중 **도수** | 18%

4

오미나라

우리나라 대표 마스터블렌더

오미나라는 문경주조가 있는 동로면과 인접한 문경읍에 있다. 읍이라지만 도회지는 아니고, 문경새재로 향하는 국도변의 한적한 곳이다. 두술도가에서 출발하면 사실 문경주조보다는 오미나라를 먼저 오는 것이 가까운데, 종당에는 서울로 가는 길이니 이렇게 가는 것이 동선이 간결해진다.

오미나라의 이종기 대표는 한국 주류 개발 역사의 산증인이라고 할 수 있다. 그는 1980년에 오비맥주에 입사해 1981년 시그램사와의 합작으로 오비시그램이 설립되자 그리로 옮겼다. 당시 우리나라에서 위스키나 와인이 합법적으로 팔리는 곳은 관광공사 지점(일종의 면세점 개념)이나 외국인 상대의 고급 호텔 정도였다. 애초에 위스키 원액으로만 이루어진 진짜 위스키 같은 것은 민간에 팔지 못하게 했다.

가수 최백호의 노래에도 나오는 '도라지 위스키' 이래로 이런저런 위스키들이 나왔지만 실은 위스키 원액 20퍼센트 이하의 기타 재제주거나 기껏 30퍼센트 정도가 들어간, 스코틀랜드 기준으로는 위스키라고 부르지도 못할 것들이었고 군납용의 마패 브랜디 정도가 일반인이 구경이라도 할 수 있는 '양주'였다. 그러니까 우리나라에서 위스키를 양주라고 부른 이유는 이게 서양에서 들어온 술인 것도 있지만 실상 위스키라고 부를 수 있는 물건이 아니었기 때문이라고 추측한다. 1986년 아시안게임, 1988년 서울올림픽을 염두에 두고 부랴부랴 위스키를 만들기 시작해서, 1980년대 초반에야 100퍼센트 원액을 수입해 위스키를 만들 수 있게 되었고, 이때부터가 우리나라 위스키 역사의 시작이라고 할 수 있다. 그중에서도 아직까지 많은 사람의 기억에 남아 있는 패스포트나 섬씽스페셜 같은 국산 양주들이 전부 이종기 대표의 손을 거쳤다. 그는 우리나라에서 손꼽히는 마스터블렌더다.

1990년, 이종기 대표에게 마침 위스키의 본고장 스코틀랜드의 헤리엇 와트(Harriot Watt) 대학교에 유학할 기회가 생겼다. 그때는 물론이고 지금까지도 위스키 전문 대학원 과정이 있는 유일한 학교다. 그곳에서 우리로 말하자면 신입생 오리엔테이션 같은 파티 자리가 있어서 교수님이 세계 각국에서 온 학생들에게 자기 나라를 대표할 술을 한병씩 들고 와서 나누자 했다고 한다. 그 자리에서 교수님이 일본 학생이 들고 온 사케(아마도 살균 청주)는 극찬을 한 반면 이 대표가 들고 간 인삼주는 한국은 술과 약의 구분이 없느냐는 식으로 비꼬아 웃음거리가 되었다. 자존심을 구긴 이 사건이 우리나라의 술에 대해 되돌아보는 계기가 되었다고 한다.

위스키 장인이 한주, 전통주에 관심을 가지게 된 직접적인 계기는 본인의 건강이었다. 이종기 대표가 본래 술을 좋아하고, 일할 때도 술이고, 놀 때도 술이다보니 20대 후반 무렵에는 건강이 무척 상했다 한다. 그러다보니 자연 '좋은 술'에 대한 관심이 생겼고 그 관심이 한주에도 미쳤던 것이다.

유학을 마치고 회사로 돌아온 1992년부터 그는 한국 술을 개발하는 여러가지 시도를 했다. 하지만 연구는 연구고 제품은 제품이다. 회사는 팔릴 상품이 아니면 제품화하지 않는다. 이 대표가 재직하던 대기업에서는 특별히 실험적인 한국 술을 제품화하려는 생각은 없었던 모양이다. 이날 이때까지도 한주를 마케팅하는 것은 쉬운 일이 아니니 회사로서는 냉정하지만 당연한 태도였다.

이종기 대표는 2006년까지 디아지오(오비시그램이 디아지오에 인수되었다)에 재직하다가 영남대에 양조학과가 창설되면서 초빙되어 갔다. 교수가 되고 보니 연구고 강의고 다 좋은데 학생이나 학교 입장에서는 취업이 전쟁인 것은 말할 필요가 없었다. 국내 주류시장은 주종별로 몇개 대기업의 독과점 시장이라 취업 문턱이 말할 수 없이 높았다. 지방의 신생 대학을 나와서 취직하기란 쉽지가 않았고, 교수들도 연구와 강의 이상으로 매달리는 것이 취업 추천이었지만 딱히 뾰족한 수가 보이지 않았다고 한다.

위스키 장인에서
한주 장인이 되기까지

그 길은 '좋은 술'을 향한
열정이었다.

농업을 살리려면 술 산업을 살려야

농업의 농가당 규모가 작고 인건비 및 제반 비용이 높은 유럽의 농가들 역시 공장식 농업으로 생산되어 수입된 값싼 농산물에 위기를 겪기는 매일반이지만, 단순히 가공식품의 경지를 넘어 '문화상품'에 이른 와인이나 치즈 등은 오히려 명품 산업으로 분류될 정도다. 이런 단계에 오른 상품을 생산하는 지역은 단순히 농업지대가 아니라 관광지로서나 문화산업지대로도 세계 어느 곳 부럽지 않은 지역이 된다. 보르도나 나파밸리 같은 예에서 확인할 수 있다. 이 대표, 아니 이 교수가 꿈꾸던 것은 이런 혁명이었다. 우리나라 농업을 살리는 유일한 길은 술 산업이라는 것이 이 대표의 소신이며 '혁명'의 지향점이다.

그러기 위해서는 신토불이 정도를 내세운 '감성팔이'가 아닌 술의 품질로 승부해야 하는 것은 물론이다. 이 대표의 추산으로는 희석식 소주 시장의 10퍼센트만 해도 오미나라 같은 규모의 양조장 2만개 정도의 규모라고 한다. 오미나라는 사실 프리미엄 한주 양조장의 규모로는 제법 덩치가 있는 편이다. 전체 9조원 규모(2018년 기준)의 주류 시장에서 4분의 1이 좀 넘는 희석식 소주를 완전히 대체한다고 해도 2만개는 좀 과장된 숫자 같지만 장기적으로는 전국에 2만개 정도의 양조장이 들어서는 것도 꿈만은 아니라는 것이 내 생각이자 계산이다(당장 2018~19년에 걸쳐 전국에 200개가 넘는 양조장이 새로 생겼다). 그러기 위해서는 내수만으로는 도저히 힘들고 수출하는 시장이 되어야 하고, 또 그러기 위해서라도 우선은 품질 확보가 중요하다는 것에는 완전히 동의할 수밖에 없다.

신토불이 마케팅은 이제까지도 그래왔고 앞으로도 어느 정도 힘을 발휘할 것이다. 한주의 입장에서 신토불이를 적절히 활용할 필요도 있다. 하지만 우리의 눈높이가 전통주, 신토불이에만 머무른다면 그 한계도 뻔하다. 예로부터 음주가무로 호가 난 이 사람들이 왜 반도체는 세계 1등을 하는데 술로는 못하는가? 스스로 포기하는 자는 어쩔 수가 없겠지만.

주세법의 과세 방식 문제점

한주 양조장을 가서 조금만 얘기를 나누다보면 탁주나 약주든, 소주든, 와인이나 맥주든 모두가 제기하는 문제가 있다. 바로 주세법이다. 우리나라 주세법의 문제점은 책 한권을 다 채워도 부족할 정도지만 그중에서도 꼭 짚고 넘어가야 할 것이 과세 방식이다.

2019년까지 우리나라의 주류 과세 방식은 종가세였다. 종가세는 술의 가격에 따라 일정세율에 의해 과세하는 것을 말한다. 참고로 우리나라의 증류주나 맥주의 세율은 72퍼센트, 여기에 주세의 30퍼센트, 즉 21.6퍼센트의 교육세가 붙는다. 거기에 더해 모든 상품에 붙는 부가가치세 10퍼센트가 또 붙는다. 단순히 생각해도 세금이 절반이 넘는다. 그러니까 비싼 술을 개발할수록 세금이 더 많이 붙고 소비자 부담도 커진다. 이는 고급주, 비싼 술을 개발하는 사람들에게 페널티를 부과하는 과세법으로, OECD 36개 국가 중 종가세를 부과하는 나라는 한국을 포함해 5개국밖에 없다.

2020년 들어 맥주와 탁주(막걸리)에는 세율의 변화가 있다. 맥주는 1킬로리터당 83만 300원, 탁주는 4만 1,700원의 세금이 붙는다. 기존의 72퍼센트, 5퍼센트가 변화한 결과인데 가장 큰 승자는 수제맥주 업계로 보고 있다.

500밀리리터 한병에 1,000원을 이윤을 포함한 원가로 가정해보자. 기존 세율로는 주세 72퍼센트, 교육세(주세의 30퍼센트)를 합해서 93.6퍼센트가 주류 관련 세금이다. 교육세라지만 주세에 의무적으로 따라붙으니 이름만 교육세지 내는 사람의 입장에서는 실질적으로 주세다. 원가에 주세와 교육세를 합하면 1,936원이다. 여기에 10퍼센트의 부가세가 붙으면 출고 가격은 약 2,130원이 된다. 원가 대비 113퍼센트의 세율이 되는 것이다. 병당 1,130원이 세금이라 이윤을 포함한 원가보다 배꼽이 더 커졌다. 1킬로리터는 1,000리터니까 500밀리리터 맥주는 2,000병이 나온다. 2,000병에 대한 세금은 226만원이 된다. 같은 셈법으로 한병의 원가가 3,000원이라면 세금은 678만원이 된다. 이번 주세법 개편으로 세금을 678만원에서 83만 300원만 내면 되니 엄청나게 차이가 난다. 술이 비싸질수록 상대적인 이득이 커진다.

새로운 주세법에 의하면 한병의 원가가 얼마든 500밀리리터 한병에 부과되는 주세는 약 416원이다. 교육세는 바뀐 것이 없으니 역시 주세의 30퍼센트인 125원이다. 앞서와 마찬가지로 원가를 1,000원이라고 가정하면 원가에 주세와 교육세를 합한 1,541원에

154원(부가세 10퍼센트)을 더해서 1,695원에 출고가 가능하다. 세법 개정 전 출고가의 약 80퍼센트 정도가 되는 셈이다. 원가가 3,000원이라면 주세와 교육세를 합해서 541원(변화 없음)에 3,541원에 대한 부가세 354원을 합하면 3,895원에 출고가 가능하다. 세법 개정 전 출고가가 6,389원이었던 것에 비하면 약 60퍼센트 정도의 가격이다.

탁주의 경우에는 워낙 세율이 낮았던 데다가(5퍼센트) '전통주' 지정을 받으면 세금의 절반을 감면받는 제도까지 있던 터라 큰 변화는 없지만 한병에 만원이 넘는 프리미엄 주류의 경우라면 이것도 의미 있는 출고가의 변화가 있다(이상 삼해소주가 김현종 대표 감수).

과세표준도 어이가 없다. 술이라는 내용물뿐 아니라 병이나 라벨, 박스 같은 포장재에도 과세를 한다(물론 전통주의 경우 대통령령으로 정하는 도자기 용기는 예외다). 고급주라면 포장에도 신경을 써야 하는데 이런 활동에도 세금을 매긴다. 운송비를 판매자가 부담하면 여기에도 높은 세금이 붙는다. 법조항에 유통비용에 대한 과세 이야기는 없지만 현실적으로 프리미엄급 한주는 기존 택배를 통해 유통하기도 하지만 일부 양조장의 경우 품질 유지를 위해 자체 수송 차량을 운영하기도 한다. 기존 택배도 그냥 종이박스를 사용하는 경우가 있고 아이스박스에 아이스팩을 사용하는 경우도 있다. 당연히 일반 박스보다는 아이스박스가 돈이 더 들고, 기존 택배보다는 냉장택배나 자사 차량 운영이 돈이 더 든다. 문제는 현재 이런 운송비용이 대부분 양조장 측의 부담이라는 것이다. 즉 냉장유통을 하기 위해 추가 비용을 지출하게 되면 그것이 가격에 반영될 수밖에 없고, 이것도 결국은 과세 대상이 되는 것이다. 고품질의 생주를 만드는 프리미엄 한주 업계에는 또 하나의 족쇄가 된다.

좋은 재료를 쓰고, 오랜 기간 숙성시키고, 디자인에 신경을 쓰고, 냉장유통을 하는 등의 투자, 즉 품질을 높이려는 모든 행위에 중과세가 되는 것이니 굳이 좋은 술을 만들어 팔 동기가 떨어진다. 안 그래도 좋은 술은 가격이 높을 수밖에 없어 시장에서 경쟁력이 떨어지는데 거기에다가 족쇄를 채우고 콘크리트를 매달아 물에 빠뜨려 버리는 것이 종가세라는 제도다. 이렇게 되면 비싸지만 좋은 술을 굳이 만들 필요가 없다. 값이 비싸면 세금만 더 내니 말이다.

외국의 경우 과세 방식은 종량세가 대부분이다. 종량세는 과실주는 생산량당 얼마, 증류주는 생산량당 얼마라는 세액을 정해놓고 과세하는 방식이다. 이번에 개편된 맥주와 탁주의 주세법이 이 방식을 따랐다. 혹은 생산량과 상관없이 생산시설에 대해 증류기 한대에 얼마, 숙성탱크 한대에 얼마, 하는 방식도 있다. 이럴 경우 생산자의 입장에서 보면 고가의 술을 많이 생산할수록 실질적인 세율이 낮아지는 효과가 있기 때문에 고급주를 생산할 인센티브가 커지게 된다. 반대로 생산을 안 하더라도 시설에 대한 과세이기 때문에 열심히 생산활동을 하게 만드는 제도이기도 하다.

따라서 비교적 생산량이 많은 막걸리와 맥주는 고급주 생산을 유도하기 위해 종량세로 가도 된다는 것이 이 대표의 의견이다. 우리나라에서 종가세가 유지되는 것은 순전히 과세 편의를 위한 세제와 어차피 다 집토끼라는 주류 대기업들의 이해관계가 맞아떨어진 결과다. 근래 수입맥주 4~5캔을 만원에 파는 저가 마케팅이 국산 맥주 시장을 근본부터 흔들고 있어서 주류 대기업들이 발등에 불이 떨어지자 주세법 개정 논의가 시작되었다. 하지만 수입맥주 판매 역시 결국 같은 대기업 계열의 유통업체들이 주도한 것으로 도끼로 제 발등 찍은 격이다. 이참에 엄청나게 높은 주세를 인하하면 재벌기업들은 유통으로도 돈을 벌고 제조로도 돈을 버는 판이 되어버린다. 주세법 개정의 방향은 환영하지만 결국 이 개정안이 누구를 위해서 누가 움직인 것인가는 잊지 않았으면 좋겠다.

개정된 주세법은 한주업계의 입장에서 보면 탁주에 국한된 것으로 기존의 세율이 낮은 데다가 전통주로 지정을 받으면 또 절반을 감면받는(결국 2.5퍼센트) 특혜가 있어서 한주업계에 미치는 영향이 아주 크다고 볼 수는 없다. 종량세로의 방향 전환은 술 산업의 고급화와 발전을 위해서 반드시 청주(약주), 증류주, 과실주 등의 영역으로도 확대되어야만 한다. 산업 규모를 몇배로 키워놓으면 이렇게 좀스럽게 걷지 않아도 세금은 저절로 늘어날 것이다.

하늘이 내려준 재료, 오미자

이 대표는 소위 말하는 전통 자체가 허구라고 보는 입장이다. 전통적인 쌀 품종이 남아 있는 것도 아니고, 앞서 예부터 전해 내려오는 주방문이나 가양주의 계량법을 설명할 때 내가 말한 부분들과 비슷한 이유일 것으로 짐작한다. 그래서인지 쌀로 술을 빚는 것은 매력적이지 않게 보았던 모양이다. 그럼 어떤 재료를 사용할까. 고온다습한 우리나라의 여름 탓에 포도는 생식용만 재배되고, 양조용 품종들은 그야말로 떼루아(terroir, 와인의 원료가 되는 포도를 생산하는 데 영향을 주는 토양, 기후 따위의 조건을 통틀어 이르는 말)가 잘 맞지 않는다. 우리나라에서 많이 농사짓는 사과도 역시 양조용 품종이 없는 데다가 '기반 기술'이 없어서 포기했다. 그러다가 오미자에 생각이 미쳤다.

오미자는 우선 색이 아름답고 과일향과 허브향을 아우르는 독특한 향의 프로파일이 있으며 거기에 다섯가지 맛을 낸다는 이름에서도 알 수 있듯이 단맛과 신맛, 떫은맛 외에도 숙성에 따라 향신료에서 느껴지는 스파이시한 맛과 향이 강하게 우러날 수 있다. 게다가 한반도가 원산지이기까지 하니 오미자야말로 세계적인 한국 술을 만들기 위해서 하늘이 내려준 재료라고 이종기 대표는 생각했다.

이 대표의 증조부와 외조부가 한의사였기 때문에 그에게 오미자는 약재로서는 익숙한 재료였다. 당시에는 오미자를 야생에서 채취해서 썼지 재배는 하지 않았다. 그러나 시간이 흐르면서, 아마도 1990년대 언젠가부터 문경을 중심으로 오미자 재배가 활발해졌다. 술을 빚으려면 엄청난 양의 오미자가 필요한데 그 인프라가 마련되고 있었던 것이다. 아직은 재배되는 오미자의 품종이 나양하지 않고 품질관리도 쉽지 않아서 오미나라는 시세의 1.5~2배를 주고 농가와 계약재배를 한다. 문경시 동로면 일대는 오미자 특구로 지정되어 있는데, 이것이 바로 오미나라가 문경에 자리잡게 된 결정적인 이유다.

양적으로는 확보가 된다고 하더라도 기술적인 문제는 완전히 새롭게 만들어야만 했다. 오미자로 술을 빚는 것은 다른 과실보다 어렵다. 오미자는 살균 효과가 있어 발효가 안 되는 것은 아니지만 시간이 오래 걸린다. 와인용 포도에 비해 당도가 부족해서 알코올 도수를 충분히 끌어올리려면 보당 등도 해야 한다. 숙성에 이르러서는 데이터도 없고, 그저 해보는 수밖에 없다. 오미자 스파클링 와인 제조 초기에는 10병에 1병 정도만 상업성 있는 품질의 술이 되었다고 하니 그 난관과 고초를 미루어 짐작할 수 있다.

오미나라에서 나오는 술은 다양하다. 그중 오미로제 와인은 국내외 여러 주류 품평회에서 수상도 하고 와인의 본고장 프랑스에도 수출 실적이 있어서 이미 품질은 인정받았다고 할 수 있다. 나도 초기에는 별로라고 생각했지만 최근에 출시되는 술들은 상당한 와인이라고 생각한다. 이건 한국 와인 업계에 전반적으로 보이는 현상인데, 솔직히 10년쯤 전에 마셨던 한국 와인들은 '술도 아닌' 수준들이 많았다. 와인이라는 장르의 문법을 전혀 이해할 생각도 없이 달려드는 양조가가 많았기 때문이다. 좋든 싫든 와인 업계는 이미 자리를 잡은 산업이고 소비자들도 비교적 학습을 많이 하는 곳이다. '좋다 싫다'와 '좋다 나쁘다'는 다른 것인데, 여기는 '좋다 나쁘다'의 기준이 이미 있는 곳이니까 그 기준을 이해해야 반박이라도 할 수 있는데 솔직히 마구잡이로 어떻게든 알코올만 만든 과실주들이었다. 이종기 대표야 이런 문법도 모르는 사람이 아니니까 그런 문제는 아니었지만 오미자라는 소재를 다루는 기술과 노하우가 당시에는 충분치 않았던 모양이다.

작금에는 한국 와인들이 술로서 제법 기본이 된 술들이 많이 나와서 품질 면에서는 상전벽해 수준의 개선이 되었다. 그에 따라 가격도 많이 올라서 해외의 수입 와인들과 경쟁을 펼치기에는 가성비가 이슈가 되는 상황이긴 하지만, 일단 품질을 높이는 방향은 맞는다고 본다. 한주업계에서도 당장 답답하다고 저가주 출시를 시도하는 경우가 많은데, 저가주는 박리다매고 박리다매란 생산과 마케팅 능력이 뒷받침되어야 한다. 그러니 자본력에 자신이 없다면 그쪽 방향은 아니다.

오미자 와인은 세계 어디에도 없는, 사실상 이종기 대표가 새롭게 개척한 장르다. 그래서 비교의 기준이나 대상을 설정하기 힘들지만 와인을 의식하지 않고 그냥 오미자술로 나갔으면 좋겠다는 생각이 든다. 보당을 하지 않고 도수를 좀 낮추더라도 오미자의 개성을 표현하는 방법을 좀더 연구해보면 어떨까 싶은 것이 오미로제를 좋아하는 사람 입장에서 드는 생각이기도 하다.

오미나라를 말할 때 빼놓을 수 없는 술로 '고운달'이 있다. '문경바람'과 같은 오미자 증류주인데 출시까지 최소 6년 이상이 걸린다. 오미자 와인을 증류해서 오크통에 숙성시켜 만들며 프리미엄 싱글몰트들과 어깨를 나란히 하는 고가의 술이다. 오크통 숙성 방법이 오크통을 사다가 술을 빚어 넣어두면 끝나는 단순한 영역이 아니다. 오크통을 고르는 일부터 블렌딩까지 꽤나 까다롭고 복잡한 과정을 거쳐야 하고, 오로지 경험을 통해서만 전문성이 확보되는 부

오크통 숙성 방법은 꽤나 까다롭고
복잡한 과정을 거쳐야 하는,

오로지 경험을 통해서만
전문성이 확보되는 영역이다.

분이 많다. 이런 방면으로는 현역 양조가 중 최고라고 할 이종기 대표가 있다는 것이 오미나라의 경쟁력이다. 오미나라는 최근까지 유일한 오미자 증류주 생산업체였다. 지금은 오미자 증류주를 생산하는 곳들이 생겨나고 있는데 증류주 특성상 단기간에 오미나라의 수준을 따라잡기는 힘들 것이다. 그만큼 오미나라는 세계 주류사에서 독특한 경지를 개척해나가고 있다.

오미나라의 현재 증류소 터는 원래 천년 동안 주막이 있던 자리라고 한다. 오미나라 시음장으로 들어서면 '천년주막' 현판이 사람을 반긴다. 이런 뜻깊은 곳에서 시음, 체험, 교육 등도 하고 있다. 안에는 체험생들이 술을 직접 숙성시키는 오크통이나 백자에 든 술 등을 볼 수 있다. 충주의 리쿼리움과 이곳 오미나라를 연계해서 한눈에 둘러보고 마음에 맞는 체험을 해보면 술에 대한 이해의 깊이가 많이 달라질 것이다.

한주업계의 인프라 구축

이종기 대표가 사과술은 '기반 기술이 없어서' 힘들다는 이야기를 했다고 언급했다. 기반 기술이 없다는 것은 엄청 중요한 얘기다. 이게 단순히 제조기술이나 기계설비를 두고 하는 말이 아니다. 나는 한주 산업의 발전을 위해서는 인프라가 중요하다고 목을 놓아 부르짖는데, 사람들은 다들 술만 잘 빚어내면 어찌 될 줄 안다. 물론 완전 수제로 빚는 술은 매력도 있고 문화적 가치도 있으며 충분히 좋은 술을 만들 수도 있다.

단, 이것이 잘 팔린다고 혹은 더 팔아보겠다고 규모를 키워서 공장제 생산을 하게 되면 완전히 다른 이야기가 된다. 어느 정도 규모를 갖춰서 생산을 하면 다들 입국과 효모를 찾는 이유가 있다. 공장제 생산에 필요한 누룩이며 발효조며 제성기며 하는 것들이 다 사케식 청주나 입국 제조 막걸리에 맞춰져 있으니 그렇게 해야만 술 만들기가 수월하다. 다른 방법을 찾기 위해 공부를 좀 해보려고 데이터를 찾아보아도 마찬가지다. 한주와 가장 비슷하기도 하고, 공장제 양조에 있어서는 우리보다 상당히 발전한 일본 자료가 눈에 들어오는 공부거리일 수밖에 없다. 그래서 일본 자료를 오래 열심히 보다보면 자연히 그들의 시스템에 경도되게 마련이다. 일본 것이라 무조건 나쁘다는 이야기가 아니라 일본식만 방법인줄 아는 사람들에게 하는 이야기다. 왜 일껏 어렵게 다른 출발점을 찾아놓고 다시 남의 뒤를 따라가려 하는가 말이다.

양조기술이라는 측면에 자연스럽게 이야기가 집중되었는데 홍보 마케팅이나 판매에 이르면 이런 인프라는 더욱 중요해진다. 최근에는 하루가 다르게 한주(혹은 전통주)를 주제로 하는 인플루언서들이 늘어가고 있다. 한주 전문점도 많아지는 추세고 기존 업체들의 술에 대한 이해도나 판매 능력도 향상되고 있다. 이제까지는 서브컬처 취급도 못 받던 것이 점점 주류-비주류 문화에서 지분을 늘려가고 있다. 물론 이것은 10년 전, 내가 처음 한주에 관심을 갖던 시점과 비교하자면 그렇다는 것이고 아직까지도 업계의 수준은 깊이라는 면에서 보면 그야말로 종이 한장 차이 정도다.

인프라는 제조기술 외에도 문화적 요소나 물류, 유통의 제반 분야 등 다양한 분야에서 층층이 쌓여야 한다. 이 퇴적은 오직 시도하고 실패하는 과정에서 심득(心得)한 사람들을 통해서 이룰 수 있을 뿐이다. 남 보기에 '삽질' 같던 수제 가양주의 복원이 현재 프리미엄 한주 산업의 근간을 이루고 있고, 그런 식으로는 술이 산업화될 수 없다고 코웃음을 치던 일부 관료와 기술자들, 업자들도 이제 프리미엄 한주 산업과 시장을 부정할 수는 없는 단계에 이르렀다. 그 과정에서 무수한 시행착오를 견뎌내고 나누어온 양조가들과 판매자들에게 경의를 표하며 또다시 새로운 시도들이 이어지기를 바란다.

참고로 캘리포니아의 컬트와인 양조장의 경우 한병에 수천수만 달러 하는 와인을 자기만의 방식대로 소량 생산해서 경제적으로는 물론이고 문화적으로도 뚜렷한 영향력을 남기고 있다. 이것도 다 와인 시장은 인프라의 두께 자체가 다르니까 가능한 일이지만 말이다.

오미나라
경북 문경시 문경읍 새재로 609
054-572-0601

오미나라 테이스팅 노트

고운달 오크

오미자의 향과 오크의 바닐라, 견과류 향은 궁합이 나쁘지 않긴 한데, 역시 오크의 영향이 좀 강하다. 백자에 숙성시킨 버전도 있는데 이것이 원래 오미자술의 분위기를 더 잘 표현한다. 하지만 장기숙성에 백자가 어떨지는 지나봐야 한다. 3년 이상 숙성시킨다는데, 실제로 시판되는 것은 8~9년 정도 숙성된 것이라 봐야 한다고. 지금이 구입해서 소장하기엔 적기. 아직도 술의 표현이 전부 발현되지 않은 듯하지만 그래도 스파이스와 허브들이 느껴지기 시작해서 기대를 갖게 한다.

산미 | **중하** **감미** | **중상** **점도** | **중상** **고미** | **중하** **도수** | 52%

오미로제 프리미어 와인

오미자로 술을 만들 때 그 개성을 가장 잘 살리는 방법은 이렇게 맑은 과실주를 만드는 것인 듯하다. 다섯가지 맛이 다 있다는 오미자의 개성이 다채롭게 느껴진다. 일반 포도와인의 기준으로 보아도 준수하다고 할 수 있는 수준이다. 와인의 기준으로는 살짝 단맛, 한주의 기준으로는 오히려 드라이한 편의 경계에 있는데, 오미자의 향을 살리기 위해서는 너무 단맛도 방해가 되고, 그렇다고 너무 드라이하면 쓰고 신맛이 불쾌하게 느껴지기 쉽다는 점에서 아주 적당한 선에 자리를 잘 잡았다 하겠다. 오미자 와인의 기준점이 되는 술이다.

산미 | **중상** **감미** | **중하** **감칠맛** | **하** **점도** | **중하** **도수** | 12%

5

문경 양조장 투어의 숨어 있는 한뼘

이제는 전국구, 가나다라 브루어리

가나다라 브루어리는 문경 양조장 투어의 히든 트랙으로 수제맥주 브루어리 중에서는 상당히 지명도가 있고 서울 등 다른 지방에서도 전문점에 가면 비교적 쉽게 찾을 수 있는 전국구 브루어리다. 시그니처인 '점촌 IPA'나 '주흘 바이젠' 같은 지역색을 반영한 수제맥주 외에 문경 사과를 사용한 사이더 '사과 한잔'도 만든다. 양조장에는 시음장이 있어서 술에 대한 설명을 들으며 시음을 하고 제품을 구매할 수도 있다. 양조장 탭에서 갓 나온 술이란 대체재가 없는 상품이라 기회만 있다면 절대 놓치지 않는 것이 애주가의 기본.

가나다라 브루어리
경북 문경시 문경대로 625-1
070-7799-2428

남해안,

따뜻한 봄을 맞이하는 술

취재를 핑계 삼아 남해로

'이번 취재는 무조건 남해다!'라고 두 주먹 불끈 쥐고 결심할 것도 없었다. 몸과 마음이 그 방향으로 향한 지가 벌써 오래되었기 때문이다. 한겨울을 고스란히 난 강원도 홍천군 두촌면의 산골은 오전 10시가 되어야 해가 비치고 오후 4시 이전에 진다. 정남향이지만 좌청룡 우백호로 높은 산등성이에 가린 골짜기 안이라서 햇빛이 그렇게 귀했다. 게다가 2017년에서 2018년으로 넘어가던 겨울은 추워도 너무 추웠다. 수도가 아닌 개울물을 썼는데 강추위에 물이 바닥까지 다 얼어서 씻지도 못하고 밥도 못 지어먹던 기간도 있었다. 물론 영업도 못했다. 탈출하고 싶은 게 당연하지 않겠는가. 남해에서 봄빛을 받으며 시장도 돌아보고 가보고 싶던 맛집에 가서 맛난 것도 먹고 싶었다. 양조장 취재도 물론 하겠지만 어쩐지 그보다는 취재를 핑계로 봄 바다를 보러 가고 싶었다. 봄볕과 바다 향기가 사무

치게 그리웠다. 따뜻한 봄날의 남해를 상상하는 것만으로 마음이 이미 훈훈해졌다.

이번 남해안 여정에는 두 사람이 함께해 외롭지 않았다. 한 사람은 그냥 백수, 한 사람은 요리사 출신 백수. 거기에 나도 매출이 거의 없는 자영업자이니 사실상 백수. 이건 뭐 쓰리 라이언 킹즈인가.

깔끔하게 백수인 송인정필 씨는 합정동에서 세발자전거를 운영하던 시절 가게 주인과 손님으로 처음 만났다. 영국에서 유학할 때 한솥밥을 먹었던 선배가 고전음악 동호회 후배인 송인정필 씨를 세발자전거에 데리고 왔다. 이후 몇년간 이런저런 자리에서 몇번을 만났고 페이스북 친구가 되어 일상을 지켜봤다. 굳이 둘이 만나서 밥 먹고 술 먹는 관계까지는 아니었는데, 2018년 3월에 세계 최대 사케 축제인 일본 니가타 사케노진(酒の陣)에 단둘이 가면서 급격히 가까워졌다. 송인정필 씨는 니가타를 다녀오더니 한주 전문점을 차려 보고 싶다고 얘기했던 차다. 그럼 이번 여행은 꼭 같이 다녀야지.

또다른 일행인 박주상 셰프는 여행 가는 당일 아침에 처음 봤다. 나는 홍천에서 건물이 15동이나 되는 펜션을 혼자 꾸려가기가 버거워서 이런저런 모색을 하던 중이었다. 한식 요리사 차민욱 셰프가 게스트하우스 사업을 해보고 싶다던 박 셰프를 나에게 소개해주었다. 박 셰프는 대기업 계열의 외식업체에서 근무하다가 휴직한 지 한달 정도 되었다고 했다. 살사 동호회도 나가고, 여행도 다니고, 연애도 한단다. 원래 바이크 타던 취미를 살려서 배달 업종 라이더로도 활약 중이었다.

이 세 사람이 이른 새벽에 만나서 내 차를 타고 다짜고짜 머나먼 남해 바닷가 전라도 강진으로 출발했다. 새벽에 일어나는 것을 힘들어하는 내가 굳이 이른 새벽을 고집한 것은 러시아워에 걸리면 서울을 벗어나는 시간만도 2시간이 될지 더 걸릴지 모르기 때문이다. 이른 시간이라 다행히 뜻대로 차가 잘 빠져나갔다.

전라도 경계로 들어서자 강원도와는 시야도 다르고 색깔도 다르고 바람도 다르다. 산이라면 아직도 허연 눈을 뒤집어쓴 강원도와 달리 이곳은 벌써 꽃나무가 피어나기 시작했다. 내가 이 푸르고 고운 빛을 보려고 강원도에서부터 국토를 사선으로 질러 온 것이다.

1

병영양조

전라병영이 있던 곳

점심 무렵에 강진에 도착해서 청자식당에서 식사를 했다. 개인적으로 강진을 2~3년에 한번은 오가면서도 10년 넘게 밥맛을 못 봤던 곳인데 오늘 소원을 풀었다. 바지락무침과 백반이 모두 명불허전이었다. 게다가 가격도 싸다. 서울에도 이런 집이 있으면 좋겠다 싶지만 잠깐만 생각해봐도 재료 조달이며 임대료 등을 고려하면 당연히 불가능한 일이다.

청자식당에서 밥을 먹고 양조장 방문 약속 시간까지는 제법 여유가 있어 슬슬 드라이브 삼아 여기저기를 돌았다. 병영양조가 있는 병영면은 전라병영이 있던 곳이다. 내륙이라지만 탐진강 하구로 배가 들어오기가 어렵지 않아서 사실 수군의 본진인 수영 자리로 더 어울린다는 생각이 든다. 병영은 육군의 본진인데 광주나 나주 같은 큰 고을도 아니고 왜 이런 곳에 병영이 있었을까? 이는 병영이 설립되던 시기의 우리나라의 해안 방위 전략을 들여다보면 이해가 간다. 해안 방위라고 해봐야 남해안이면 왜구를 상대하는 것이 거의 전부였는데, 왜구가 소규모 병력으로 게릴라식 약탈전을 주 전술로 하니 조선 정부는 주민을 전부 육지로 이주시켜 섬을 다 비우는 공도정책(空島政策) 전략을 썼다. 물론 이렇게 비워둔 섬들은 왜구들의 안식처가 되어서 해적질을 더 잘할 수 있게 되었다. 바닷가 작은 고을 강진의 병영은 그렇게 육지에서 왜구를 방어하려던 방위 전략의 산물이다. 나쁘게 말하면 섬을 비우고 해안 가까운 곳에 병영을 설치해서 본토의 해안선만 방어하려 한 면피 전략이다.

처음 강진에 왔을 때는 허물어져가는 성벽 일부만 남아 있는 폐허였는데, 지금은 병영성을 제법 복원해서 성곽의 꼴이 거의 다 갖춰졌다. 그저 먹고 마시는 것만 쫓아다니는 사람이다보니 일부러 찾아간 건 아니었고 길을 잘못 들어 헤매다가 목격한 바다.

한주 프리미엄화의 표본

첫번째로 찾은 곳은 병영면의 병영양조다. 이곳은 '병영설성 생막걸리', 유기농 쌀막걸리인 '설성 만월', 복분자 소주인 '병영설성 사또', 보리소주인 '병영소주' 등을 만든다. 그중에서도 특히 이번 방문의 초점은 병영소주다.

막걸리 위주로 시작했던 한주의 부흥은 2011년 전후로 피크에 올랐다가 한동안 주춤하는 듯했다. 그러다 최근 몇년 사이 급격히 프리미엄화가 진행되며 다시 기운이 일어나고 있다. 출고가 기준으로 한병에 1,000~2,000원짜리 막걸리로는 퀄리티의 한계가 뚜렷하다. 물론 녹색병 소주들과 경쟁하는 품질로는 그 정도면 충분하다 싶기도 하지만 녹색병 소주만 마시는 사람들은 별생각 없이 그저 술을 마시는 것이고, 술에 대해서 조금이라도 취향이 있는 사람이라면 현재의 페트병에 든 막걸리에 만족할 리 없다(그러고 보면 서울의 장수막걸리, 부산의 생탁, 대구의 불로막걸리, 인천의 소성주, 울산의 태화루 등 각 지역의 대표적인 대중 막걸리도 본래는 대부분 녹색병이다! 현재는 재활용 이슈의 덕으로 투명하게 바뀌어가고 있지만).

나는 프리미엄주라는 것이 흔적만 존재하던 2010년대 초반부터 전통주(대략 2015년경부터 한주라는 말을 쓰기 시작했다)의 프리미엄화만이 산업의 살길이라고 외쳤는데, 이 몇해 사이에 프리미엄 한주의 약진은 업계 사람이 아니라도 피부로 느낄 수 있을 정도가 되었다. 내가 외치는 소리를 듣고 호응했다기보다는 그저 산업이 자연스럽게 발전하고 있는 것이지만 어쨌든 애타게 외치던 것이 실현되는 것을 보고 있자니 반갑기 그지없다. 술 마시는 사람은 좋은 술이 늘면 기분이 좋아지는 법이다. 병영양조는 그런 프리미엄화를 단계별로 꾸준히 진행해왔다는 면에서 하나의 모범이자 표본 같은 존재이기도 하다.

내가 병영양조를 처음 찾은 것은 2011년 초였다. 세발자전거를 시작하기 조금 전이었는데 '설성 유기농 쌀막걸리'가 유명해서였다. 그 당시에 이런 시골 양조장에서 유기농쌀로 막걸리를 만들었다는 것은 신선하다기보다 존경스럽다는 말이 더 어울린다. 시골 양조장의 기본 시장과 고객은 양조장이 소재한 그 지역이다. 이 시골 마켓은 노인들이 주 고객이기 때문에 가격에 굉장히 민감한 시장이다. 750밀리리터가 표준인 서울과 달리 지방에서 900~1,800밀리리터의 큰 병인 됫병이 많이 소비되는 이유도 가격 민감성 때문이다. 그런 시골 시장에서 유기농 막걸리를 출시했다니 무슨 생각이었던 걸까? 사명감? 실력에 대한 자신감? 지자체에서 쌀 소비 촉진을 위해 주는 보조금? 어쨌든 참 희한한 곳이라는 생각을 하며 방문했었다.

개인의 취향이긴 하지만 병영양조의 설성 유기농 쌀막걸리는 막상 내 입맛에는 그렇게 맞지 않았다. 방문한 지 얼마 안 돼서 세발자전거를 운영하게 되면서 병영양조와 거래를 터볼까 생각도 했지만 내 입맛에 맞지 않아 망설이다가 어찌어찌 세월이 흘렀고 세발자전거가 프리미엄주를 주로 취급하게 되면서는 또 거래할 기회가 없어졌다. 그러다가 병영양조에서 프리미엄주를 생산한다는 소식을 들었다. 하지만 숙성이 중요한 증류주는 괜찮은 맛을 내기까지 세월이 필요할 것이라는 생각도 있었고 세발자전거의 포트폴리오를 프리미엄 탁주와 청주 위주로 개편한 터라 증류주가 위주인 병영양조와는 또 합이 안 맞았다. 그러고 보니 강진은 청자식당도 그렇고 오랫동안 눈치만 보면서 다가서지 못하는 짝사랑 같은 곳인가.

노장의 힘으로 이른 경지

전화로 약속을 잡을 때 병영양조의 김견식 명인은 느릿하게 그날 오후면 괜찮다고만 했다. 그 느리기가 전라도보다 충청도에 가까워서 인상에 남았다. 물론 속도를 제외하고는 남도의 억양이 뚜렷한 전라도 말투였다. 딱히 몇시라고 못을 박지는 않았지만 그냥 우리가 알아서 여정에 따른 시간표를 짜서 갔다. 점심을 먹기 전에 2시쯤 가겠다고 연락해 약속 시간을 잡았다.

다시 방문한 병영양조는 처음 왔을 때와 비교하면 제2공장에다 전시장도 생겨 규모가 무척 커져 있었다. 건물이 여러개여서 어디로 갈까 하다가 사무실 겸 판매장으로 쓰는, 원래 본사 건물이 있는 대로변 건물로 막 들어서려는데 마침 사무실에서 나오는 김견식 명인과 마주쳤다. 일면식도 없었지만 보자마자 김견식 명인이라는 것을 알 수 있었다.

김견식 명인이 전시장을 겸하는 길 건너의 제2공장으로 우리를 데려가서 거기서 인터뷰를 시작했다. 처음에는 썩 반기는 표정도 없이 심상히 사람을 대하다가 대화가 무르익어가며 명인도 점점 흥이 올랐다. 양조 경력만으로도 환갑에 이르는 명인의 이야기가 술술 흘러나왔다. 고생한 이야기부터 지금껏 받은 상들 자랑도 하는데 그 말투가 느릿하고 톤이 심상해서인지 좋은 이야기도 힘든 이야기도 담담하게 들었다. 대한민국 식품명인 칭호 자체가 아무에게나 주는 것도 아니지만 그외에도 수상 경력이 화려하다. 겸손한 태도 속에서도 술로는 어디서든 뒤지지 않는다는 탄탄한 자부심이 느껴졌다.

솔직히 말하면 나는 그런 상들의 권위에 대해서는 시큰둥한 입장이지만, 큰 기업체나 대도시 양조장이 아니라 이 조그만 시골 양조장에서 얻어낸 상의 의미는 인정하지 않을 수 없다. 주식시장에 상장될 정도 규모인 어느 큰 회사는 10년 넘도록 단 한번도 입상을 놓치지 않고 있다. 그만큼 다른 양조장에 상이 갈 기회는 줄어들 수밖에 없다. 김견식 명인이 시골에서 유기농 쌀막걸리나 증류 소주를 만들어내는 것은 시장성을 고려해서가 아니었다. 그의 눈에는 그것이 우리 술이 나아갈 길이며 자기 손으로 만들어야 하는 세상이었다. 김견식 명인이 여기까지 온 것은 상업적 고려 이상의 열정, 멀리 오려는 마음이 있었기 때문이다.

명인을 따라 양조장 구석구석을 둘러보았다. 처음에는 사람이 멀리서 왔으니 예의상 응대하는 듯한 느낌이었지만 이야기가 재미나게 풀리니 시음주도 내주고, 본인이 흥이 나서 여기저기 구경을 시켜준다. 우리나라는 탁주, 약주(청주), 증류주 등 주류의 종류별로 각각의 면허를 취득해야 하기 때문에 여러 종류의 술 제조 시스템을 다 갖춘 양조장은 많지 않다. 그런 면에서 병영양조는 막걸리, 청주, 증류주, 리큐어 등 다양한 술을 생산하는 양조장이라 그 시스템을 어떻게 구성하는지를 보는 것만으로도 공부가 된다. 생산라인의 동선을 어떻게 구성하는지, 중복 사용하는 기계들은 어떻게 운용하는지 등이 궁금하게 마련인데 여기서 실제로 구현한 모습을 직접 보면서 많이 배웠다. 병영양조는 먼저 탁주나 약주를 만들고 그것을

다양한 술을 제조하는 양조장의 구성을
다 설명할 순 없지만
안목이 있는 사람은 가보면 알 것이다.

증류해서 증류주나 리큐어를 만들어낸다. 탁주와 약주도 그렇고 증류주와 리큐어도 다 연관은 되어 있는데 어떻게 생산라인을 구성하느냐에 따라 일관된 동선과 작업라인을 만들어낼 수 있다. 이런 일관성이 생산성에 기여함은 물론이다. 자세한 것은 영업비밀 성격이 있어서 설명하지 못하지만 안목이 있는 사람은 가보면 알 것이다.

양조장 구석이나 자재창고에 술병들이 쌓여 있었다. 지금은 판매하지 않는 옛날 술병이었는데, 마치 명인의 포트폴리오를 보는 것 같았다. 공력이 충분히 쌓여서 이제 노화순청(爐火純靑)의 경지에 이른 병영양조는 눈에 보이는 속도로 발전하고 있다. 생산하는 술의 종류도 늘어나고 고급주가 많아졌다. 빠른 발전은 청년의 패기로만 하는 것이 아니다.

병영양조장
전라남도 강진군 병영면 하멜로 407
061-432-1010

병영양조 테이스팅 노트

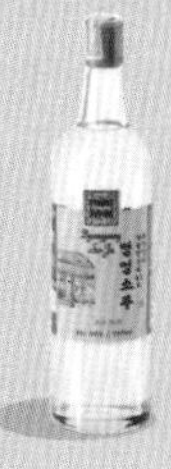

병영소주

병영소주는 보리소주다. 우리나라에서 주곡은 압도적으로 쌀이다. 그래서 소주도 대부분 쌀소주다. 쌀밥과 보리밥이 다르듯 쌀소주와 보리소주도 다르다. 개인적으로 고소한 풍미가 더 두드러지는 보리소주를 좋아하는 편인데, 그중에서도 병영소주가 마셔본 것 중에서는 제일 괜찮았다. 하지만 아직은 잠재력일 뿐, 몇년은 더 기다려야 할 술이다. 재고가 쌓이면 모를까, 아직까지 장기숙성으로 술을 내보내는 곳은 드물다. 병영양조의 술들을 언제 제대로 묵혀서 마셔볼 수 있을까, 돈 있으면 탱크째로 사서 잘 묵혀보고 싶다는 생각을 한다. 하지만 지금은 미숙주. 솔직히 증류주는 이보다는 더 익혀서 내보내야 한다. 최소 3년, 명인도 세월을 만드는 기술은 없다. 그래서 점수는 7.5+/10 정도다. 이제는 최초 출시 시점부터 3년이 넉넉히 지났으니 술이 더 좋아졌겠지. 숙성 연수를 관리해서 출고하는 것이 아니라서 복불복일 것 같긴 하다.

산미 | 하 **감미** | 중상 **고미** | 중 **점도** | 중 **도수** | 40%

2

다랭이팜영농조합

여수에서 남해로

다음으로 가볼 양조장은 남해의 다랭이마을이다. 그 전에 여수에 들러 하룻밤 자고 가기로 했다. 비슷비슷한 지형의 바닷가 길이지만, 장흥을 넘어 순천에 들어서면 확실히 '도시' 느낌이 나기 시작한다. 순천을 지나 여수 경계로 들어서자 도시에서 '공단' 느낌으로 바뀌었다. 나는 바다라면 덮어놓고 좋아하는 취향인데 환상적인 자연이 보여주는 경치도 좋지만 '일하는 바다'도 좋아한다. 즐비한 골리앗 크레인, 항구에서 들어온 원재료를 가공하는 남동임해공업지역의 높은 굴뚝들과 은빛 파이프라인들, 그리고 바삐 움직이는 트레일러들을 개미처럼 보이게 하는 엄청난 규모의 배들. 육중한 쇳덩어리들이 움직이는 느낌은 나에게 인간 문명에 대한 경외감을 실감하게 한다.

다음 날 여수에서 남해로 넘어가는 길은 석유화학단지, 조선소,

물류기지 등이 계속해서 나타났다. 푸른빛이 올라오는 섬들로 가득한 다도해를 돌면 진달래꽃이 눈앞에, 그 너머로 다시 파란 바다에 아질아질 올라서는 공장 굴뚝이 나타난다. 기가 막히게 좋다.

일행들과 이야기를 하며 차를 몰아가다보니 어느새 굴뚝들이 잦아들고 다시 굽이굽이 해안선을 품은 바다가 나타난다. 잔잔하고 아름다운 다도해의 자연이다. 여기에 들어서니 역시 바다는 자연 그대로가 좋다는 생각이 든다. 너무 줏대가 없나? 아무렴 어떠랴. 봄날의 남해바다를 감상하는 데 줏대는 필요 없다.

노오란 샤쓰 입은 말 없는 그 사나이

오늘의 행선지는 남해의 다랭이마을이다. 다랭이마을의 이름은 다랭이논에서 왔다. 다랭이논은 다락논의 사투리다. 다락논은 중년 이상 사람들에게는 전혀 귀할 것 없는 기억이다. 전국 어디를 가든 구석구석 산비탈 언덕마다 손바닥만 한 땅을 억지로 논으로 일구어서 벼농사를 지었다. 이제는 쌀도 남아돌아 천덕인 판에 손만 많이 가고 경제성도 없어 보기 힘들어졌지만 예전에는 흔하게 볼 수 있는 풍경이었다.

그 다락논을 경관자원으로 인식해서 전국구 관광지로 만든 사람이 다랭이팜의 이창남 대표다. 벼를 심는 것은 아무리 경관자원이라도 수지가 안 맞는다. 사실 이 척박한 땅에서 나는 쌀은 질이 그다지 좋지도 않고 양도 부족하다. 다랭이논 쌀만 가지고는 다랭이팜 막걸리를 빚을 수가 없다. 그래서인지 이번에 가니 다랭이논이 화사한 유채꽃밭으로 탈바꿈했다. 물론 여름에는 다시 벼를 심고, 벼꽃이 피면 가을에는 유채와는 또다른 황금의 다락논이 펼쳐질 것이다.

이창남 대표는 다랭이마을에서 식당을 운영하면서 술을 빚는다. 주변 사람들을 도와서 농수산물을 판매하고 관광객을 받아들인다. 진짜 모범적인 '6차 산업가'라고 해도 좋을 이다. 6차 산업은 1차 산업인 농업, 2차 산업인 제조업 그리고 3차 산업인 서비스업, 이렇게 세가지 산업을 아우르는 종합 산업을 말한다. 농촌에 새로운 가치와 일자리를 창출하는 새로운 개념이다.

음식 맛이야 어쨌거나, 여기에 온 이유도 결국은 술이다. '꽃이 핀다'라는 신제품이 드디어 출시되었다는 소식은 이미 들은 터였다. 개발 단계에서 나와도 의견을 주고받은 바가 있는 술이다. 사실 다랭이마을에서 나오는 다랭이팜 생막걸리는 드라이하고 거친 맛으로 이미 유명한데, 그보다 더 좋은 프리미엄 버전을 만든다고 해서 기대가 컸다. 시제품 때는 기존 다랭이팜 막걸리보다 도수가 좀 높고 병도 기존 병을 그대로 썼는데, 막상 신상을 받아보니 시제품과도, 예상과도 완전히 달랐다. 우선 '꽃이 핀다'는 이름에 어울리는 노오란 색의 술이었다. 마침 봄날의 햇살은 반짝반짝 은물결이 노래를 부르는 것 같고, 파란 하늘과 바다를 배경으로 유채밭이 펼쳐져 있고, 다시 그 유채밭을 배경으로 '꽃이 핀다'를 보니 온 세상이 봄이다 하고 가슴을 확 열어젖히는 듯했다. 한잔을 받아 마셔보니

밥 한술 뜨고 바다 한번,

술 한잔 마시고 유채밭 한번.

의외로 담담한 맛이다. 시공간이 정지된 듯 봄날 바닷가 유채밭의 화려함이 생명의 기운조차도 담담히 끌어안아 깨달음을 주는 듯 고요하다. 산미도 감미도 주연이 아닌 담담함 속에 아주 느리게 맛이 움직여나간다. 감각을 자극해 상상력을 피어오르게 하는 것이 아니라 세상이 정지된 듯 고요함의 결계를 쳐 여기, 이 순간을 살게 해주는 술이었다.

바로 여기, 이 순간의 술이라는 점은 다른 때와 장소에서는 어떨까 걱정이 되는 면도 있다. 치자의 노란색이 주는 인상을 생각하면 술의 담담함은 일종의 반전이다. 한참 더 숙성을 시키면 술의 잠재력이 더욱 피어나 화려하진 않아도 묵직하게 움직여가는 기운찬 술이 될 것 같다. 묵직하고 기운찬 술이 노오란 색과는 어떻게 어울릴까. '노오란 샤쓰 입은 말 없는 그 사나이'의 느낌이 이런 것일까 싶다. 유채꽃이 없는 시절에 다시 와보면 알까.

6차 산업의 구현체

앞서 언급했듯 이창남 대표는 식당을 운영하면서 술을 빚는다. 이 책에서 유명하거나 맛있는 식당들을 소개하지는 않았지만 이 대표가 운영하는 식당인 농부맛집은 술과 다랭이팜이라는 양조장 환경과 더불어 조금은 길게 설명할 필요가 있을 것 같다. 여기는 농업, 제조업, 관광업이 어우러진 6차 산업의 구현체 같은 곳이니까.

세상에 맛집을 자처하는 집 치고 그렇게 맛난 집은 별로 못 보았지만 이 집은 좀 예외다. 정확히 말하자면 엄청나게 맛이 있는 맛집이라기보다는 음식에 쓰는 재료가 기가 막힌 맛집이다. 본래 유통업을 했던 이창남 대표의 핸드폰에는 이 주변 농어민들의 연락처가 거의 다 있다고 해도 좋다. 그래서 농사짓는 제철의 재료는 물론이고, 괜찮은 해산물도 두루 구할 수 있다. 한번은 농부맛집에서 꼴뚜기 숙회를 먹어본 적이 있는데, 이 꼴뚜기란 것이 원래 알던 것보다 어찌나 부리부리하고 총명한 눈빛이며 당당한 체구이던지 꼴뚜기란 종자에 대한 인식이 바뀔 정도였다. 그 눈 부리부리한 꼴뚜기를 살짝 익혀서 초고추장을 찍어 먹으면 이제껏 알던 꼴뚜기도, 이제껏 알던 숙회도 다 거짓이었구나 싶어진다. 멸치쌈밥에 쓰이는 멸치도 언제나 훌륭하다. 인근 통영 등의 멸치쌈밥집에 비해 재료의 신선도가 더 뛰어나다. 마침 이 인근에 석방렴(돌로 제방을 쌓아 밀물 때 물고기가 들어오면 썰물 때 제방을 막아 잡는 방법)도 있다. 멸치쌈밥이 맛있다면 석방렴도 한번 둘러보고 싶어질지도 모른다. 어군탐지기와 기계로 끌어올리는 그물이 없던 시절의 어업을 상상해보는 것만으로도 외식업 관계자라면 영감이 생길지 모른다.

점심은 멸치쌈밥과 오징어초무침에 반주를 곁들여 달게 먹었다. 오징어가 잘 안 잡혀 '금징어'라는 소리들을 할 때였는데, 신선한 것을 새콤달콤 맛나게도 무친 오징어였다. 이 집에서는 당연한 얘기지만 안 봐도 근해에서 잡은 것이겠다 싶게 선도와 탄력이 좋았다. 멸치쌈밥도 괜찮긴 한데 기대보다는 조금 못했다. 확 싱싱하다는 느낌도 아니고 그렇다고 감칠맛이 확 올라오는 것도 아니다. 장을 좀더 짜게 써야 할까?

참고로 경상도 사투리에서 '짜다'는 말은 맛있다는 말로도 쓰인다. 녹차를 마시고도 "아, 참 짭게 잘 내렸다" 하는 식이다. 전라도의 '개미' 이상으로 뜻을 확정하기 힘든 말인데, 여하튼 (억양에 따라 다르겠으나) 짜다면 칭찬으로 들어도 된다. 이 경우에 짜게 했으면 좋겠다는 것은 진짜로 염도가 높은, 옛날식으로 염도도 높고 좀 오래 묵힌 된장을 썼으면 훨씬 맛있었겠다는 말이다. 나는 서울 사람이니까 짜다는 말을 짜다고 썼지만 쓰고 보니 그런 맛이 아마 경상도에서 칭찬하는 짠맛일 것이다 싶다. 짠맛이 단맛이나 감칠맛을 끌어올리는 효과는 널리 입증된 바 있으니 짠맛이 짠맛 이상이 되는 것이 이해가 간다. 물론 그런 좋은 된장은 비싸서 밥값을 더 낼 것이 아니면 그저 속으로나 바라야겠지만 의외로 시골에 오면 직접 담근 장을 쓰는 집도 많다. 깡 시골 식당일수록 청국장 같은 것을 시키면 거의 실패가 없다.

밥 한술 뜨고 바다 한번, 술 한잔 마시고 유채밭 한번, 이렇게 별로 대화도 없이 분위기에 취해서 남자 셋이 조용히 식사를 했다. 식사가 끝날 즈음 젊은 커플이 식당으로 들어왔다. 커플 중 남자가 우리가 마시는 술에 관심을 표했다. 노오란 술이 유채꽃 배경에 묻힐 것도 같은데 의외로 눈에 띄었나보다. 우리 일행은 시장에서 옷 장사가 사람 불러 모으듯이 박수를 치고 소리를 높였다.

"이 술 꼭 드셔보세요."

"운전해야 하는데…"

"남으면 가져가시더라도 꼭 한잔 드셔보세요."

그렇게 꼭 드셔보시라고 몇번을 강조하자(윤창호법 시행 전이라 한잔 정도는 괜찮겠지라는 의식이 있던 때인데 지금은 이렇게 못할 일이다), 추천의 덕인지 식사와 함께 술을 주문했다. 조금 기다리니 음식이 나오고 또 조금 있으니 '꽃이 핀다' 한병을 가져다준다. 우리는 식사를 다 마치고 무책임하게 자리를 뜰 때였지만 뒷일은 '노오란 샤쓰 입은 말 없는 그 사나이'가 스스로 책임을 지겠지.

식당을 나와 카페에 들러 차를 한잔 마시고 일어나려는데 아까 그 젊은 커플을 다시 마주쳤다. 술이 어땠는지 물었더니 잘 마셨다는 짧은 대답과 함께 씩 웃는다. 인사치레만은 아닌 것 같아서 마음이 놓였다. '꽃이 핀다'처럼 정색하고 드라이한 술은 초보자들에게는 호오가 갈리는 편인데 이분은 술을 좀 아시는 분이었을까.

새로 시작하는 '꽃이 핀다'

그날 이후에 다시 한번 다랭이마을에 들렀다. 이번엔 유채꽃이 채 피기 전의 이른 봄이다. 저번에 맛보았던 그 신제품의 출시 소식을 들었기에 안 가볼 수 없었고, 가기가 멀어서 그렇지 다랭이마을은 언제나 가면 즐거운 기분으로 돌아오는 곳이기에 고민할 필요도 없었다.

그런데 이번에 만난 '꽃이 핀다'는 이제 노란색이 아니라 좀더 머디(muddy)한 느낌의 탁주색이 되었다. 노란색이 의외로 평이 안 좋아 색을 뺐다고 한다. 개인적으로는 좀 아쉽다는 생각이 들었다. 유채꽃밭과 바다를 바라보며 봄바람 한모금, 술 한모금, 이렇게 술을 마시는 것은 죽어서 역대 주당 모임에 간다면 이태백하고도 한판 붙어볼 수 있을 좋은 경험이다. 그런데 왜 평이 안 좋았을까?

사실 나는 답을 알고 있었다. 지난번에 그 노란 술을 부산에 가져가 알 만한 사람들과 시음했을 때 반응이 미지근했다. 4월의 유채꽃밭을 경험한 사람과 아닌 사람은 받아들이는 것이 다를 수밖에. 술의 샛노란 색에서 기대되는 것은 보통 시트러스 느낌의 맛과 향이지 남해의 유채꽃 핀 봄날 바다가 아니다. 그런 기대를 안고 마신 술이 담담하고 과묵한 사내 같은 느낌이라니… 배신감이 든다고 해도 무리는 아니다. 남해바다와 유채꽃밭의 느낌을 전달하는 강력한 연결고리로서의 노란색이 아니라 사람들의 오해를 불러일으키는 노란색이 되어버렸다.

하지만 노란색을 뺀 것은 술의 개성과 지역성을 설득할 강력한 무기를 스스로 놓는 셈이다. 가뜩이나 요즘 박이 터진다는 프리미엄 한주 시장에서 그냥 장삼이사 맨주먹으로 경쟁하는 꼴이다. 이런 것이 바로 상품 기획의 빈틈. 그래서 앉은 자리에서 즉석으로 최근에 주문진에서 예술가들과 같이 시작한 브랜드 매니지먼트 에이전시 하버씨(HarborC)의 고객이 되어달라고 제안을 했다. 내가 느꼈던 그 봄날의 유채꽃밭과 바다 느낌을 전달할 수 있으면 된다. 여기에 흑마늘로 만드는 '꽃이 핀다 흑진주 막걸리'도 새로 선을 보인다기에 그것도 묶어서 우선 크라우드 펀딩을 하자고 했다. 이 술은 분명 잠재력이 있고 우리가 그 잠재력을 끌어내서 세상에 알리고 싶었다. 이창남 대표도 흔쾌히 승낙을 했다. 이 다랭이팜 양조장의 술들로 첫 네고시앙 프로젝트가 시작되었다.

이렇게 앉은 자리에서 척척 죽이 맞아 일이 되는 것은 물론 쌓아 온 상호 신뢰가 있기에 가능한 일이다. 이창남 대표는 보는 시야도 있고 사업가적인 추진력도 있으며 다들 잘 살아보자는 공심도 있다. 다만 남해바다 끝자락에서 도시의 시장을 이해하고 접근하는 데에는 도움이 필요할 것이다. 우리가 그것을 제공해서 제품을 한 번 잘 키워보자 했다. 같이 시음도 하고 대화를 하면서 일단 '노란 샤쓰의 사나이와 까만 치마의 아가씨'로 모티브를 잡았다.

코로나19가 창궐하는 예기치 못한 비상사태가 터져서 잠시 연기가 되었지만 아마 이 책이 나올 때쯤에는 다랭이팜의 제품들이 어딘가에서 크라우드 펀딩을 하고 있으리라 기대한다.

한주 네고시앙을 꿈꾸다

물건만 잘 만들면 팔리던 시대는 오래전에 지났다. 아니, 잘 만든다는 것 자체가 가치 판단의 문제다. 그 가치 판단은 물론 소비자가 하는 것이지만, 그 가치에 대한 기준을 제시하는 것은 또다른 영역이다. 그러니 소비자와 시장에 대한 전문가 없이 좋은 상품, 잘 만든 상품이 나올 수가 없다.

특히나 술은 단순히 취하기 위한 값싼 소비재가 아니다(녹색병에 든 예외들이 좀 있기는 하다). 소비자의 마음을 사로잡기 위해서는 당연히 여러가지 문화적 가치를 부여할 수 있어야 하고 특히나 새로운 고객을 사로잡기 위해서는 박제화된 '전통' 이상의 혁신이 필요하다.

보르도나 부르고뉴의 와인들은 대개 생산자와 기획, 판매자가 다르다. 상품으로서의 와인을 기획하고 판매하는 사람들을 '네고시앙'(négociant)이라고 한다. 네고시앙은 협상가라는 '네고시에이터'(negotiator)가 생각나는 말이지만 프랑스어로는 오히려 '상인'에 가까운 뜻이다. 물론 상인의 역할이 흥정, 협상인 것은 맞는다. 제조자와 소비자를 이어주는 흥정꾼이다. 상인을 뜻하는 영어인 '머천트'(merchant)는 '바이어'(buyer)에 가깝다. 물론 사기만 하는 것은 아니고 팔기도 하는데 이때는 사서 이윤을 보고 파는 사람이라는 뉘앙스, 도매로 사서 소매로 파는 상인의 이미지다. 싸게 사서 비싸게 파는 게 상인의 기본이고 그래서 많이 사들여 조금씩 파는 것이 장사이기는 하지만 바이어는 박리다매, 이윤, 이런 것들이 떠오르는 이미지다. 그에 비하면 네고시앙은 훨씬 미묘한 중간자의 역할이라는 느낌이 든다.

제조자와 소비자는 이윤관계로 보면 근본적으로 대립관계다. 판매자는 비싸게 많이 팔고 싶고 구매자는 싸게 많이 사고 싶다. '싸다'와 '비싸다'는 정면으로 대립되지만 '많이'는 공통의 관심사다. 이렇게 '많이'를 매개로 해서 욕망에 복무하는 것이 머천트라면, 네고시앙은 양쪽의 입장과 욕구를 조정하고 조화시키는 사람이다. 입장과 욕구를 낱낱이 살펴보면 돈이 아닌 다른 것들인 경우가 많다. 돈은 그 낱낱이 살펴보는 과정을 건너뛰게 만드는, 효율성의 무자비한 매개이기도 하다.

녹색병 소주나 대중적인 맥주는 전형적인 머천트 상품, 가성비 추구의 매스마켓 상품이다. 대중의 욕구를 채우는 것이 기존의 매스 마케팅이고 이를 위해서 내실 없는 이미지로 도배를 하고 실질적으로는 거짓말인 마케팅도 한다. 1년에 몇천 상자만 생산되는 프리미엄 한주는 네고시앙 상품으로 파는 것이 적합할 수 있겠다. 상품의 여러 가치를 다양한 각도로 소비자에게 알려서 단순히 가성비 좋은 상품이 아니라 소비자나 생산자가 모두 자기의 철학을 실현하고 인생의 의미를 구현하는 상품을 중개하는 것이 상인이라고 정의하면 장사도 참 멋있는 일이라는 생각이 든다.

'소비자는 왕이다' 따위가 상식으로 받아들여지던 시대도 있었지만 사는 사람의 만족뿐 아니라 만들고 파는 사람의 행복과 철학도 존중받아야 한다. 기본적으로 산업화 사회의 마켓플레이스는 다양한 욕구가 표현되는 곳이 아니라 대자본이 장악한 안정적인 시장에서 표준화된 상품으로 돈벌이를 하는 곳이다. 그리고 일상에 적당한 환상을 부여해 소비를 통해 내가 다른 사람보다 경쟁 우위에 있다는 의식을 심어주는 것으로 유지가 된다. 참으로 눈먼 자들의 사회다. 우리의 삶이 팍팍한 이유이기도 하다.

한주가 원하는 사람들 혹은 한주를 찾는 사람들은 자기 나름의 의미를 찾는 소비자들이다. 한주 산업은 단순히 상품을 만드는 것뿐 아니라 그런 '시장'을 함께 만들어가야 한다. 사실 이런 시장은 최근 여러 분야에서 등장하고 있지만 지금의 50대 이상 중에는 문화를 만들어가는 시장 자체를 상상도 못하는 사람이 대부분이다. 그들은 재벌도 아니면서 재벌같이 매스 마케팅을 하려고 하고, 또 해보지도 않았으면서 그렇게 하라고 가르친다.

내 생각에 가내수공업 규모라면 한달에 1,000병쯤 팔면 충분하다. 한병에 15,000원으로 잡으면 1,500만원 매출이다. 탁주와 약주를 주력으로 한다면 세금 다 내고, 재료비 충당하고도 적어도 500만원, 잘하면 700~800만원 정도 남는다. 두 사람 정도는 인건비가 나오는 구조다. 물론 투자에 대한 금융비용이며 감가상각이며 얼마가 될지 모르는 마케팅 비용까지 충당하려면 이것으로는 턱없이 부족하지만, 일단 이 단계에 오르면 생존 선은 맞추고 있다는 얘기다. 물론 매달 1,000병 팔기가 결코 쉽지는 않다. 그래도 지인이든 누구든 300명 정도 단골 고객이 있으면 우선 기본은 된다. 10병짜리 한 박스를 분기에 한번 이상 구매하는 사람을 단골이라고 본다면 300명의 단골이 있으면 월 1,000병 소화가 되는 계산이다. 이 300명의 단골을 확보하는 것은 모든 소상공인 비즈니스에서 사활의 관건이 된다.

이 300명이 돈으로 보면 많지 않은 것처럼 보이지만 고객 커뮤니케이션이라는 관점에서 보면 엄청난 일거리다. 그 300명의 사람과 소통해주는 역할을 할 수 있는 네고시앙이 필요하다. 소비자를 분석하고 상품을 기획해서 출시하는 사이클이 아니라 내가 좋아하는 것, 잘하는 것을 만들고 사람들과 그 장단점을 소통해가며 진화하는 것이 한주 비즈니스의 사이클이다. 그러니 고객 커뮤니케이션 전문가가 필수가 된다.

아직 한주 산업에는 네고시앙의 역할을 수행할 수 있는 사람도 없고 그것이 필요하다고 인지하는 사람도 거의 없다. 나는 곧 이런 네고시앙 프로젝트를 추진해볼 생각이다. 앞서 말한 다랭이팜의 프리미엄 막걸리 프로젝트가 있고, 아직 구체적인 계획은 없지만 언젠가는 홍천의 옥선주를 다시 살리는 프로젝트도 항상 마음에 두고 있다. 다른 술들도 생산자와 소비자가 같이 만들어가는 문화상품으로서의 술을 만드는 네고시앙이 되고 싶다는 생각도 한다. 혼자서는 못할 일이고 함께할 사람들을 기다리는 중이다.

다랭이마을 농부맛집 & 다랭이팜영농조합
경남 남해군 남면 남면로 679번길 21
055-863-0979

다랭이팜영농조합 테이스팅 노트

다랭이팜 생막걸리

다랭이팜 막걸리는 담담하고 묵직한 것이 특징이다. 드라이한 가운데 언뜻 투박한 산미와 떫은맛이 불도저같이 밀고 들어오는데 힘을 빼고 그저 받아들이면 묘하게도 혀에, 몸에 감기는 느낌이 든다. 장류나 김치 같은 발효식품과 같이 먹기에 최적화된 막걸리.

산미 | 중　감미 | 중하　탁도 | 중상　탄산 | 중　도수 | 6%

다랭이팜 유자막걸리

다랭이팜 막걸리의 담담함에 유자가 올라앉았다. 유자의 씁쓸한 향이 처음에는 드라이하고 묵직한 막걸리와 합쳐져서 난이도를 조성하는데 순식간에 시트러스향의 가볍고 날렵한 느낌이 감각을 감싼다. 무뚝뚝한 경상도 아저씨의 장난기 같은 느낌이다.

산미 | 중　감미 | 중하　탁도 | 중　탄산 | 중　도수 | 6%

5장

부산,

대도시 양조장의 메카

마지막 목적지를 향하여

남해 한주 여행의 마지막 길은 부산이다. 남해에서 부산으로 오는 길은 바위섬보다 굴뚝과 크레인이 많은 바다다. 우리나라 제조업이 세계적인 수준이니 그런 면에서 바다가 붐비기도 세계적인 수준이다. 거가대교를 건너서 가덕도를 지나 녹산공단 쪽으로 들어오는 길은 계속해서 거대한 공단과 항만의 연속이었다.

오늘 저녁을 먹을 곳은 부산에서 최고라고 해도 좋을 한주 전문점 '안중'이다. 방문 시점인 이때까지는 확실히 그랬던 것 같은데, 요즘 부산에 한주 전문점 개업이 붐이라서 안 가본 곳이 많아 장담은 못하겠다. 안 겪어보고 함부로 단언할 수는 없는 법이지. 업장을 평가하는 여러가지 기준이 있지만 한주 전문점이니 전문성을 가지고 평가하자면 단연 최고인 것은 확실하다. 진짜 전문가인 발효문화학교 연효재의 김단아 대표가 직영하는 곳이기 때문이다. 부산에서 한주 양조장이나 전문점을 한다는 사람들 대부분이 연효재 교육생 출신인 걸 보면 김단아 대표는 명실상부 부산 한주업계의 대모라고 할 수 있는 사람이다.

숙소에 짐을 풀고 부산국제금융센터가 있는 대로변에 자리잡은 안중을 찾아 언덕길을 내려가다 보니 재미있는 식당이며 카페가 들어서기 시작했다. 경사가 제법 가팔라서 누가 여기까지 올라올까 싶은 곳인데도 그렇다. 근처에 아파트 단지가 있는데 언덕 꼭대기 지형이 험해서 그랬는지 아파트에 상가가 없다. 이곳 주민들이 오르내리다가 들르는 수요만 해도 장사는 될 것 같다. 대로변에서 일하는 회사원들이 가끔 기분전환 삼아 카페나 레스토랑에서 시간을 보내는 수요도 제법 있을 것이다. 여하튼 어느 동네를 가나 이 동네 상권이 어떤가 머리를 굴려보는 것은 업자들의 자율신경계 반응인 듯하다.

안중이 있는 동네는 전포동과 문현동 사이의 끼인 상권이다. 북쪽으로 두어 블록 떨어진 곳에 있는 전포동 카페거리는 『뉴욕타임스』에서 선정한 가봐야 할 세계의 명소로까지 이름을 올렸다고 한다. 문현동 산길은 아직은 좀 한산하다. 그래도 도심지라 유동인구도 많고 상권 홍보까지 잘 되었으니 장사가 안 되지는 않겠구나 싶은 생각이 들자마자 다시 혀를 차게 된다. 이렇게 열심히 장사해서 동네를 띄워놓으면 다들 쫓겨나게 될지도 모르니 말이다. 아니, 모르긴 뭘 몰라. 그렇게 되는 거지.

모두가 알다시피 서울 서촌 어느 족발집 사장은 살인적 수준의 임대료 인상에 저항하다 못해 건물주를 폭행했다. 폭행은 잘못된 일이지만 심정은 이해가 간다. 꼭 임대료 문제가 아니더라도 나 역시 장사하면서 건물주와 분통터지는 일이 꽤 있었다. 우리 건물주는 뉴스에 나오는 건물주들에 비하면 사실 어디 흠잡을 것도 없는 젠틀맨 수준이었는데도 그렇다.

젠트리피케이션 문제

서울의 웬만한 지역들은 조금만 상권이 커지면 곧바로 젠트리피케이션 문제가 떠오른다. 그러고 보니 젠트리란 것이 울타리 쳐서 사람들 내몰고 양을 키우던 그 계급이 맞구나 싶다. 양이 사람을 잡아먹었던 시대, 지금은 돈이 사람을 잡아먹는 시대다. 그때도 결국 양의 탈을 쓴 돈이 본질이었겠지만.

그다음 해 봄, 그러니까 꼭 1년이 지나 들러본 전포동은 이제 권리금 받고 빠져나가려는 선수들과 이제 막 들어오려는 물정 모르는 신참들, 그리고 이참에 건물을 개수하거나 아예 다시 올리는 건물주들, 투자 수익을 노리고 대출까지 받아 새로 건물주가 된 리스크테이커들, 그 와중에 아직도 싼 월세로 빌려주는 낡은 장소들이 어우러져 아수라장 일보 직전이었다. 젠트리피케이션이란 요약하자면 사람들이 찾아와 돈을 쓰면 업주들이 그 돈을 받아 건물주에게 주고 건물주는 은행(요는 전주)과 수익을 나눠 갖는 구조가 고도화되는 과정이다. 가치는 오가는 손님과 일하는 사람이 만드는데 돈은 왜 얼굴도 안 비치는 건물주와 은행이 가져가는지 의문이 드는 건 나뿐인가? 억울하면 너도 건물주를 하라는 소리를 듣고야 입을 다물 일인가? 그러게 누가 장사를 하라나?

우리나라에 자영업자가 많은 이유가 일자리가 없어서라고 한다. 하지만 선불리 사업을 시작했다가는 실패했을 때의 상처가 상당히 깊다. 사람이 살면서 실패도 하고 그걸 이겨내고 다시 일어서면서 단단해지고 쓸 만한 존재가 되어가는 것은 맞는다. 인생은 전화위복 새옹지마의 뫼비우스 띠 같은 것이라 좋다고 계속 좋은 게 아니고 나쁘다고 계속 나쁘기만 한 것이 아니다. 하지만 지금은 아는 사람이 식음료 사업을 하겠다고 하면 일단 좀 말리고 보는 편이다. 외식업은 구조조정이 필요한 산업이 맞고, 실제로 최저임금 상승이니 젠트리피케이션이니 해서 한창 똥 싼 데 주저앉히는 식으로 구조조정 중이기도 하다. 거기에 배달 앱과 집에서 요리 흉내만 내는 반조리식품, 심지어 심야에 주문하면 다음 날 새벽에 가져다주는 신선식품 배달도 급성장하고 있다. 그리고 코로나19로 장기간 '집콕' 생활에 전국민이 익숙해진 판이다. 그러니 가게 자리 펴고 하는 외식업이 지금 들어갈 타이밍은 아무래도 아니다. 내가 그렇게 말려봐야 어차피 사업이란 성격 더러운 놈들이 자기 성질 못 이겨서 하는 거라서, 말려도 할 놈은 하게 마련이다. 스스로에 대한 고백이기도 하다. 얼마 지나지 않아 나부터가 다시 또 점방 차려 뭘 시작하게 되었으니 말이다.

코로나19 초기에는 이 또한 지나가리라 했는데, 메르스도 겪어봤지만 그때와는 확실히 다르다. 이게 장기화되고 보니 어찌될지 구체적인 모습은 몰라도 이제까지 우리가 살던 세상과는 사뭇 달라지게 될 것이라는 의견에는 누구나 동의하는 것 같다. 어째 오프라인에 가게 자리 펴놓고 장사하는 사람들에게 유리할 것 같지는 않다.

1

술로로드

매너리즘을 흔든 욕심 많은 술

안중에 도착해서 우선 한산도가 안중의 하우스막걸리 한 주전자를 청해 마셨다. 사실 큰 기대는 없었다. 이보다 1년 전쯤에 들러서 마셔봤던 기억이 있다. 그때 감상은 솔직히 말해 하우스막걸리가 거기서 거기지 정도였다.

시설 투자가 적을수록 술은 환경의 결정품이 된다. 하우스막걸리는 식당 부설의 양조장에서 나온 것이라 시골의 전문 양조장에 비하자면 당연히 시설도 열악하고 환경적으로도 들뜨는 편이다. 환경이 안정되는 데에 걸리는 시간은 일반 상업 양조장의 경우 평균 2년 정도인데 하우스막걸리는 오가는 사람이 잦고 들썩거리니 2년 만에 될 일인지 잘 모르겠다. 첫 방문 때에는 아직 1년도 안 된 양조장의 술이었기도 했다.

그런데 다시 마셔보니 이거 참 또 특이한 술을 만났네? 테이스팅 자체가 직업이 되다보면 테이스터도 어쩔 수 없이 매너리즘에 빠지게 된다. 그러니까 술을 마시면서 기대하고 체크하는 포인트가 프레임이 갖춰졌다고 할까? 그 프레임 밖에 있는 요소들에 대해서는 자칫 소홀해지기도 한다. 이 술은 그런 테이스터의 매너리즘을 흔들어놓았다. 술을 입에 넣자 햇살에 은모래 반짝거리듯 까르르 하는 느낌이 들었다.

참 욕심도 많게 만든 술이다. 어떤 술을 만들고 싶었느냐고 물으니 설명이 길다. 화려하면서도 너무 튀어나오지 않고, 즐거우면서도 깊이를 포기하지 않고, 어떤 면으로 보든 다 빛이 나고 향이 느껴져야 한다는 게 양조가의 목표였다고 이해했다. 그리고 성공했다.

달콤쌉싸름하면서도 적당한 무게감이 있고 여운도 남는다. 일행 중 한명은 꽃무늬 원피스 입은 예쁜 소녀 같다고, 쉴 새 없이 반짝반짝 빛난다고 했다. 그 소녀는 욕심이 많은 만큼 노력하고 결과도 만들어냈다. 이런 술을 빚기로 작정한 이분도 참 대단하다. 술에 이렇게 여러가지 욕심을 내는 경우도 처음 본 것 같고, 그걸 또 다 구현하리라고는 진짜 상상도 못했다. 하물며 독립된 건물과 시설을 갖춘 일반 양조장에 비하면 '간이'라고 해도 할 말이 없을 하우스막걸리 양조장이다. 양조기술이라는 측면에서 볼 때 수많은 작은 개선들이 쌓여서 다양한 디테일을 동시에 살릴 수 있는 기술적인 완성도를 이루었다. 안중을 방문해야만 마실 수 있는 술이라 가끔 생각하며 입맛을 다실 뿐이다.

유감스럽게도 그 하우스막걸리를 내던 안중은 현재 다른 사람이

그곳에 가야만 마실 수 있는
술이 있다는 건
그곳을 꼭 다시 가야 할
충분한 이유가 된다.

운영하고 있고 하우스막걸리는 빚지 않는다. 그러니까 그 소녀 같은 술은 이 책을 통해서만 접할 수 있고 상상해볼 수 있는 전설의 술이 된 것이다. 뭔가 뿌듯하기도 하고 아쉽기도 하다.

술 따라 떠나는 여행

하지만 실망하기에는 이르다. 같은 사람이 같은 건물 3층의 연효재 자리에서 도가를 시작했다. 이름하여 술로로드 양조장. '술 따라 떠나는 여행'이라는 뜻이다. 실평수 3평의 진짜 마이크로 브루어리다. 규모가 너무 작은 것이 아닌가 하겠지만 이전 안중에서 빚던 하우스막걸리 시설도 이 정도였다. 여기뿐 아니라 하우스막걸리를 하는 곳은 대개 이 정도의 크기로, 시설을 갖추기 힘들어서 경험도 필요하고 엄청난 정성을 쏟아야 하지만 안 될 것은 없다.

이곳은 술로로드라는 이름에서도 짐작하듯이 여행 감수성이 짙은 곳이다. 그래서 작은 시설이지만 적극적인 개방 정책을 펴고 있다. 만원의 입장료를 내면 술 한병과 미니 안주를, 여기서 만원을 더 내면 '나만의 인생 술'을 빚는 체험을 해볼 수 있다. 이렇게 빚은 술은 일주일간 숙성을 시켜서 나만의 레이블을 붙여 택배로 보내준다. 물론 전문교육기관인 연효재가 있기에 가능한 일이다.

술로로드에서는 '전통주 크롤링'도 참여할 수 있다. 서양에서 술집을 돌며 여러 종류의 술을 마시는 것을 펍 크롤링(pub crawling)이라고 하는데 여기에 착안한 이벤트다. 마시고 배우고 즐기는 다양한 프로그램이 3평짜리 초소형 양조장에 마련되어 있다. 술로로드 양조장은 한국관광공사가 선정한 관광체험 전문기업이기도 하다.

술로로드에서는 현재 '오륙도 막걸리'라는 프리미엄 탁주와 '동래원주'라는 동동주 스타일의 비교적 맑은 탁주를 만들어낸다.

오륙도 막걸리는 5.6도의 도수로 전통누룩에서 나오는 블루치즈의 향이 느껴지는 비교적 가벼운 술이다. 맥주같이 가볍게 마실 수 있는 술을 구상했다. '동래원주'는 동래파전과 같이 마시던 동동주의 맛을 복원하려 했다고 한다. 청주처럼 맑고 알싸하고 깊은 맛의 찹쌀동동주인데 음식 궁합으로는 무조건, 당연히, 부산식으로 초장에 찍어먹는 파전을 추천한다.

술로로드의 술들은 '관광상품'이라는 의식을 가지고 만들어진 술이다. 부산 지역에만 전문적으로 유통하는 소규모 양조장이라서 이 술을 마시려면 부산으로 가야 한다(사실 나에게는 강릉까지 술을 보내주기로 했지만, 기본적으로는 그렇다). 작명도 동래와 오륙도, 부산을 상징하는 장소들을 가지고 지은 이름들이다.

술 자체는 앞서 소개했던 안중 하우스막걸리 시절 그 전설의 소녀 같은 분위기는 아니다. 그래도 그 솜씨가 어디 가나. 부산 가면 이 술들 꼭 한번 드셔보시라. 아무 술집이나 들어가서 달란다고 있는 술은 아니니 좀 검색을 해봐야 할 것이다. 그러면 부산에서 한주를 열심히 취급하는 개념 있는 술집들이 눈에 띄게 될 것이고 숙소나 목적지 가까운 곳을 찾으려고 또 지도상에서 이것저것 재보게 될 것이며 그 와중에 부산의 다양한 정보가 눈에 자연히 들어올 것이다. 여러분은 술로로드의 술이 설계한 UX(사용자 경험)를 완벽히 수행했다. 이제 검색으로 찾은 부산의 쿨한 한주 전문점에서 막걸리 한잔 시원하게 마시고 쉬면 미션 컴플리트!

술로로드
부산광역시 남구 전포대로110, 3층
051-636-9355

술로로드 테이스팅 노트

갈매기의 꿈

동동주의 원형에 가장 가까운 막걸리다. 쌀알이 적당히 삭아서 잘게 부서진 상태로 나온다. 인위적으로 쌀알을 동동 띄우는 술은 그냥 모양만 내는 것이고(식혜에 띄울 밥알을 따로 갈무리하듯이), 원래는 어느 정도 숙성 기간이 지나면 쌀알이 이렇게 되는 것이 정상. 일반적인 동동주라면 가볍고 산뜻한 술이 떠오르지만 갈매기의 꿈은 도수도 높고 제법 묵직한 보디도 있는 데다 알코올은 아직 길이 들지 않은 야성의 거친 숨이 있다. 놔두면 꽤나 멀리까지 갈 힘이 있는 술이라는 인상. 그때도 밥알이 남아 있을지는 모르겠지만 말이다. 동동주 콘셉트보다는 장기숙성을 시도해보면 좋겠다는 인상이다.

산미 | 중하 **감미** | 중 **탁도** | 5/7 **탄산** | 중 **도수** | 12%

오륙도 막걸리

계절을 막론하고 스파클링 막걸리의 인기가 좋은 것은 '백곰막걸리' 등의 판매순위 차트를 보아도 알 수 있다. 다만 한가지 아쉬운 점이 있다면 어떤 집의 스파클링 막걸리는 합성감미료를 넣는다는 것, 그리고 어떤 집의 스파클링 막걸리는 합성감미료를 넣지 않는다고 말하면서 넣는다는 것이다.

오륙도 막걸리는 부산의 랜드마크 오륙도와 5.6도의 술 도수를 맞춰서 네이밍한 것으로 기존의 스파클링 막걸리와 비교하자면 우선 합성감미료가 안 들어 있고 좀더 가벼우며 당도도 낮다. 샴페인 기준으로는 드미섹(demi sec, 약간 드라이함)보다는 살짝 달고 섹보다는 조금 덜 단맛 정도. 이 보디와 단맛의 정도가 포인트가 되어 한주에 새로운 하위 장르가 탄생한 느낌이다.

산미 | 중 **감미** | 중하 **탁도** | 2/7 **탄산** | 상 **도수** | 5.6%

2

JK크래프트

전통과 일본식

2017년 추석 무렵 페이스북에서 제법 공들인 동영상을 곁들인 한주 광고를 봤다. '기다림'이라는 브랜드의 청주와 탁주 선물세트를 소개하는 광고였다. 일단 동영상 광고를 한다는 것 자체가 그 당시로는 한주업계에서 혁신적이고 파격적인 일이었다. 전례가 없다고 할 정도는 아니지만 모델도 쓰고 드론도 날리고, 전문가가 콘셉트를 잡고 촬영장비를 써서 제대로 만든 영상, 그것도 광고 하나를 만들어 홈페이지에도 걸고 SNS에도 활용하며 '실이 노이 되도록' 써먹는 광고가 아니라 한 시즌 선물세트 판매용으로 만든 영상은 처음이었다(결국은 또 잘 편집해서 여러모로 활용하긴 했다). 그렇다고 알 만한 큰 양조장도 아닌데.

동영상 광고에는 술 빚는 사람 이야기도 나오는데 일본에서 술을 공부하고 온 사람이란다. 술맛도 궁금하고, 사람도 궁금했다. 외모로 보아 연령대가 특정은 안 되지만 나이가 많이 들어보이지는 않았다. 40대 정도일까? 40대가 아닐지도 모른다. 회사 전화보다는 핸드폰으로 연락을 하면 좋을 것 같아 연효재의 김단아 선생한테 물어보니 대번 연락처가 나온다.

통화를 하고, 약속을 잡고, 주소를 받아서 양조장을 찾아가는데 이 길이 제법 첩첩산중 느낌이 들었다. 그렇다고 진짜 산골짜기에 있는 건 아니고 부산 시내의 사직야구장과 멀지 않은 곳이다. 정말 이런 데 양조장이 있을까 싶은 시내에서, 그 와중에 언덕바지 골목길로 차가 굽이굽이 올라가니 첩첩산중이라 느낄 수밖에. 정말 부산 도심지에는 산이 많긴 하다. 내비게이션이 알려준 목적지에 도착해 비탈길에 억지로 차를 세우고 두리번거리는데 'JKCRAFT'라는 간판 하나가 간신히 눈에 들어왔다. 여기가 맞겠지 싶으면서도 약간은 반신반의했다. 자그마한 간판 말고는 여기가 양조장임을 짐작케 할 아무런 근거가 없었다.

JK크래프트의 조태영 대표는 일본에서 공부하고 일본의 와이너리에서 양조 일을 했다. 소믈리에 자격증도 있다. 거기에 무역 관련 일도 했고, 지금도 하고 있다고 한다. 술에 접근하는 태도 자체가 다를 것 같았다. 그러니까 좀 삐딱하게 말하면, 일본에서 오래 경험했으니 '전통주' 업계에서 논쟁 중인 '누룩을 사용하느냐, 입국을 사용하느냐' 같은 문제부터 살균 여부나 온라인 유통 등이 모두 '일본식'일 것만 같은 느낌이 들었다. '전통'과 '일본식'이라는 인식틀은 아직도 유효한 면은 있지만 사실 지양되어야 할 프레이밍이다. 작은

따옴표를 쓴 이유다.

'일본'이 우리 사회에서, 특히 장년층 이상에서 뿜어내는 오라는 특별하고도 강력하다. 한주업계에서 '일본식'이라고 하면 대체로 전통은 무조건 옳고 전통이 아닌 것은 일본식이라고 매도할 때 쓰는 말이다. 일본이 우리 술 문화에 미친 영향(혹은 패악)은 주세법을 비롯해서 기존의 전통적인 양조법을 말살해버린 것 등 한두가지가 아니다. 자국에서는 차근차근 이런 법령들을 개정해나가는 것을 보면 더욱 얄밉다. 그렇다고 일본 콤플렉스에 빠져 일본 것은 무조건 나쁘다고 목소리를 높인들 우리 문화가 발전하는 것도 아니다.

전통을 고수한다는 명목으로 알량한 기득권을 강화하고 기술적, 문화적인 새로운 시도를 차단하는 사람들이 꽤나 많다. 그들을 보면 정말 전통에 대한 확고한 의식을 가진 확신범인지 전통을 앞세워 제 밥그릇 보호하고 후배들 사다리 걷어차는 것인지 구분이 잘 안 간다. 하긴 확신범이라고 해도 그들의 행동이 패악이 아닌 것은 아니니 구분할 필요도 없겠다. 이것이 아니면 전통이 아니고, 전통이 아니면 틀렸다는 태도, 움베르토 에코의 『장미의 이름』이 생각나지 않는가?

전통이 고정불변하는 것이라는 시각을 가진 사람하고는 대화 자체가 어렵다. 고서 몇권 끌어다가 전통이라고 우기며 변화를 거부하는 것도 문명개화한 이 세상에서는 금방 밑천이 드러나는 일이다. 그런데도 전통은 고정불변의 무엇이고 내 손에 만질 수 있는 소비품이 되어야 한다는 수요는 관청은 물론 몽매한 사람들 사이에서도 도저하니까, 한동안은 그렇게 전통 팔아서 단물 받아먹는 것을 업으로 삼는 사람들이 사라질 것 같지는 않다.

전통은 쌓여서 되는 것이라는 관점에서 보면 지금 이 순간도 가치만 있으면 전통인 것인데, 지금의 혁신은 외면하고 박제만 끌어안고 있겠다면 뭐, 어쩌겠나. 이런 문제로 또 흥분하자면 책 한권을 이 주제로 채워버릴 터이니 여기서 끊고 넘어가자.

전통주의 틀을 벗어던지고

이날이 마침 양조장 위생검사를 나오는 날이라는 얘기는 들었다. 일정을 바꾸면 좋겠지만 우리도 어쩔 수 없어 바쁘고 신경 곤두선 날에 찾아갔다. 업종상 위생검사라면 우리도 그 긴장감을 익히 이해한다. 조금 기다리니 조태영 대표가 2층 사무실에서 내려왔다.

우선 JK크래프트는, 식약처 위생검사 날이니 특히 그렇긴 했겠지만, 대단히 말끔했다. 공장의 규모는 가내수공업 비슷한 소규모 한주 양조장과 비교하면 훨씬 크고, 그렇다고 국순당이나 장수막걸리 같은 메이저 업체들에는 한참 못 미치는 중간급 정도다. 메이저 업체들에 비하면 10분의 1도 안 되는 규모지만 가내수공업은 확실히 아니라는 의미에서 중간이다. 그럼에도 시스템과 구조는 대량생산의 막걸리 공장에 좀더 가까운 모습이었다.

제품의 이름이 '기다림16' '기다림25' '기다림34'다. 이 숫자들이 무엇을 의미하는지 나름 짐작해보려는데 아무리 봐도 애매했다. 보

전통주의 틀을 벗어버린 한주는

젊고 발랄하다.

통 이런 숫자는 알코올 도수를 얘기하는데, 16은 그렇다 치고 25와 34는 증류주도 아닌데 알코올 도수일 수는 없다. 그러면 무엇일까? 이 숫자의 비밀을 풀지 못해 물어보니 16은 효모가 향기를 잘 생성하는 온도, 25는 효모가 가장 활발히 활동하는 온도라고 한다. 그럼 34는 어떤 온도냐고 물었더니 이것은 온도가 아니라 양조장 주소가 34번지인 점, 그리고 본인이 34세에 만든 술이라서 그렇게 지었다는 답이 돌아왔다. 그것 참 발랄한 작명 센스다.

쌀은 해포도 계약재배 쌀을 사용한다. 해포도는 부산광역시 강서구 봉림동, 낙동강 하구에 있는 마을이다. 이름에서 짐작이 가듯 원래는 섬이었는데 1934년 녹산수문이 건조되면서부터 바닷물이 들어오지 않아 육지가 되었고 그때부터 농사를 짓게 되었다. 대도시 부산이지만 이렇게 쌀농사를 짓는 곳도 있다. 사연도 깊은 동네를 찾아 쌀을 계약재배해서 쓰는 그 마음이 귀하다.

'일본식'으로 보이는 공장의 인상과는 달리 JK크래프트는 누룩을 직접 만들어서 쓴다. 누룩은 조 대표의 고향 진주의 앉은뱅이밀로 만든다. 이를 위한 누룩 성형기도 있다. 발로 디뎌 밟는 것이 전통 방식이기는 하지만 누룩이 다져진 정도와 형태도 결과물에 영향을 미치니 기계로 하는 것이 안정적이다. 누룩방도 따로 있어 온도와 습도 등을 자동으로 관리해 누룩의 안정성을 높인다. 누룩이든 술이든 결과에 영향을 미치는 요소는 수도 없이 많지만 온도와 습도만 잘 관리해줘도 팔할은 안정화가 된다. 이런 관리도 '일본식'으로 본다면 더 할 말이 없다. 전통을 외치는 많은 양조장도 사실 누룩방을 따로 만들 상황이 못 되어 공장제 누룩을 사서 쓰는 현실이다. 사다 쓰는 것이 무조건 안 좋다는 것이 아니라 자가당착의 전통주의자들이 많다는 이야기를 하는 것이다. 전통이 기득권 유지에 사용될 때의 특징이 '박제화'이고, 거기서 더 나빠지면 그 박제도 따라하지 못하고 말만 번지르르한 전통주의자들이 득세한다.

우리나라 전통주 현장은 아직 건강하게 전통을 복원하고 따라가려는 움직임이 많지만 일부에서는 상업화를 포장하기 위한 합리화도 있다. 상업화가 무조건 나쁘다는 것은 아닌데, 손쉽게 돈 벌려고 기술을 도입하면서 어떻게든 포장해서 전통 이미지는 가지고 가려는 것은 이리저리 돌려보아도 좋게 보이지 않는다. 솔직하지도 혁신적이지도 않다.

부산의 JK크래프트는 대표도 젊지만 직원들은 더 젊다. 단순히 젊은 것이 아니라 기존 한주업계의 교육기관이나 업장에서 따로 교육을 받은 사람들이 아니다. 아무래도 이곳의 술은 앞으로 더 좋아질 것 같다. 덮어놓고 젊은 사람들이라 그렇다는 것은 아니고, 조태영 대표를 보니 치밀하고 견실한 방침이 사업과 양조에 충실하게 반영되고 있어, 장기적으로는 더 잘 해나갈 수 있을 것 같다는 느낌이 든다.

술 문화상품을 만들다

두번째로 조 대표를 만난 곳은 서면의 어느 커피숍이었다. 부산항에서 일본 수출 물량의 선적을 끝내고 온다고 약속 시간이 미루어졌다. 감기 기운이 있다며 마스크를 쓰고 왔는데, 간혹 기침을 하긴 했지만 밝은 얼굴이었다. 이제 수출도 많이 하느냐고 물으니 술뿐만 아니라 뷰티 제품도 판매하고 있다고 했다. JK크래프트에서는 '기다려온'이라는 브랜드로 막걸리 샴푸와 막걸리 효모 천연비누 등도 개발해서 판매한다.

조 대표와 이야기를 나누면서 공감하는 부분이 많았다. 조 대표도 외국에 한주를 팔다보니 나와 느끼는 바가 비슷하고 그에 대한 처방도 비슷했다.

우선 '전통주'란 말은 외국에서는 쓸 수가 없다는 것에 서로 이음매 하나 없이 동의했다. 전통 없는 나라가 어디 있나. 우리만 전통 있는 듯이 굴면 솔직히 외국 사람이든 한국 사람이든 좋게 볼 수가 없다. 그런데도 우리나라 관에서 지원하는 행사는 다른 나라는 근본도 없는 오랑캐인 듯 한국 전통의 우수성을 뽐내느라 날이 샌다. 이런 건 혈세 예산으로 판 벌이고 기자들 불러 기사 몇건 나오면 보고서에 적을 성과는 충분히 나왔다고 생각하는 사람들이나 하는, 우리 같은 진짜 선수들은 절대 하지 않는 짓이다. 정작 비즈니스에는 해로운 일이라는 것을 알기 때문이다. 계속 잘난 척하는 사람을 보고 있으면 누구든 고까운 법이다. 거만함이 도움이 되는 비즈니스도 있지만 한주 산업은 아직 그런 단계가 아니다. 그리고 거만함도 작전상의 연출이어야지 진심으로 거만하면 상대하고 싶지가 않아진다.

조 대표와 의견이 맞는 또다른 부분은 술이 양조에만 머물지 않고 문화상품이 되어야 한다는 것이었다. 술이 문화상품이라고 하면 대개 고개를 끄덕끄덕하지만, 그 문화를 어떻게 만들어갈 것인가로 들어가면 기껏 전통을 찾거나 와인이나 맥주 문화를 따라하려 한다. 안타까운 일이다. 하지만 스스로 만들어내기보다 있는 것을 찾게 되는 것, 그게 바로 문화의 힘이기도 하다. 술뿐만 아니라 우리나라의 전통이라 불리는 것들을 지금 같은 식으로 문헌에만 의지해 따라가다보면 결국 다 중국 아류로 결론이 나게 되어 있다. 그럼에도 불구하고 다른 방법과 대안이 없다. 중국 중심의 동아시아 문화틀에서 보자면 우리의 전통문화가 동아시아 문화의 최상위 버전이 못 되는 것이 수천년을 이어온 중국 문화의 힘이다. 스스로 잘나고 자랑스러우려면 자기 스스로의 눈과 인식틀을 가져야 하는데 이게 쉬운 일이 아니다. 그런 게 바로 문화의 힘이고 진짜 소프트 파워이며, 인문학과 교양이 필요한 부분이다.

지금 한주 관련된 일을 한다는 사람들은 대개 두 부류 중 하나다. 하나는 앞서 말한 동아시아 전통주의자, 다른 하나는 서양 문물에 어설프게 한주를 대입시키려는 문화 보따리상들이다. 진짜 자기 문화가 없으니 일단 오래된 것에 호소하거나 아니면 남의 것을 갖다 쓰려 한다. 물론 현장에서 해보면 둘 다 답이 아니다. 한주의 제품력이 점점 좋아지고 다양화되고 있고 시장도 젊은층의 호응에 힘입어 급성장세라서 고무적이지만 문화적 인식이 지금 단계에 머무른다면 중장기적으로 볼 때 미래는 그다지 밝지 않다. 긴 시간에서 보면 결국은 새로운 문화가 생겨나겠지만 그게 저절로 되는 것은 아니다. 30년이면 될 것을 100년이 걸릴 수도 있다. 한주 산업을 만들어가는 과정은 새로운 문화의 흐름을 만들어가는 과정이기도 하기 때문에 힘이 들지만 보람이 있다. 전통을 박제화해서 기득권을 지키려는 분들에게는 거센 도전이겠지만 말이다.

오해의 여지를 무릅쓰고 말하자면 문화로서 인정을 받으려 할 때 그것이 내 것이냐 남의 것이냐는 사실 중요한 문제가 아니다. 문화는 본래 차용과 변용의 과정이다. 오리지널보다 더 큰 문제는 그것을 어느 수준으로 구현하는가이다. 수백년 전통을 자랑한다고 해서 진짜로 수백년 전 것을 여기에 가져와 똑같이 한다? 아마 웃기기 이전에 가능하지도 않을 것이다. 우리나라에서 흔하고 먹히는 전통 마케팅은 한마디로 '구라'가 많다.

전세계에 퍼져 있는 서양의 와인 바나 맥주 펍도 그저 전통에 의지해 영업하는 것이 아니라 오랫동안 쌓인 문화적 자산을 활용해서 수시로 변화를 주었기에 살아남은 것이다. 수백년 이상의 역사가 있고 그 역사 속에 담긴 오래된 소품이나 이야기가 있다고 해서 그들의 운영 방식까지 낡은 것은 아니다. 낡아 보인다면, 그 낡음이 현대에 호소하는 바를 잘 알고 활용하기 때문이다. 그저 낡았다고 다 받아들여질 것 같으면 누가 현대의 삶을 살겠나?

일본 위스키는 어떻게 일류가 되었나

일본이 모방을 잘한다지만 일본식으로 해석된 문화가 서양으로 역수입되기도 한다. 이것도 다 스타일이 아니라 클래스의 문제다. 일본인들은 처음에는 고지식하고 무식하게 답습으로 시작한다. 사대가 워낙 철저해서 옆에서 보기에 안쓰러울 정도다. 하지만 어느 시점이 되면 그것을 일본 문화의 일부로 만들어낸다. '이것을 일본화시켜야지'라고 작정하고 하는 게 아니라, 시간이 지나면서 일본이라는 환경과 문화에 적응하며 자연스럽게 차이가 생겨나는 것이다. 그러면서도 기본기에 충실하고 끝내는 종주국을 넘어서겠다는 결의와 노력이 더해져 결국은 진짜로 종주국을 넘어서기도 한다. 그 정도의 완성도에 이르면 오히려 역수입이 되기도 하고 독자적인 범주로 인정받기도 하는 것이 문화다.

일본 위스키는 본고장 스코틀랜드에서도 인정받고 있고 세계로 수출되어 최근에는 우리나라를 비롯한 일부 국가에서 품귀 현상이 벌어질 정도다. 야마자키 증류소 건설의 토대를 만든 인물이자 닛카 위스키의 창업자인 다케쓰루 마사타카(竹鶴政孝)가 위스키를 배우려고 스코틀랜드로 건너간 것이 1918년이니 100년이 조금 넘었다.

다케쓰루는 스코틀랜드 증류소들을 견학하며 증류소의 구조와 제조기술 등을 꼼꼼하게 기록하고 익혔다. 그만큼 본고장 위스키를 자신의 삶에 새기고 일본에 돌아온 사람이다. 본고장, 그것도 위스키 생산지 중에서 으뜸인 스코틀랜드에서 이 정도 경력을 쌓았으니 당연히 일본 현지에서도 '팔리는' 사람이 되었다.

산토리 위스키의 전신인 고토부키야(壽屋)에서 위스키 생산 판매를 기획할 때 다케쓰루는 거액의 연봉을 받고 책임자로 스카우트되어 공장의 구조 및 시설에 대한 전권을 가지고 일을 하게 되었다. 본래 스코틀랜드와 자연조건이 가장 흡사한 홋카이도를 원했지만 고토부키야의 도리이 신지로(鳥居信次郎) 사장은 사람들에게 견학도 시킬 수 있고 수송비가 적게 드는 대도시 주변을 원해서 오사카 부근에 자리잡게 되었고(경영적으로 볼 때 정말 잘한 결정으로 보인다) 이것이 바로 야마자키 증류소다. 야마자키는 증류소가 자리잡은 곳의 지명이자 우리 주변에서 흔히 보는 산토리 위스키의 한 브랜드이기도 하다.

여기서 그쳤으면 그냥 후진국 사람이 선진국의 문물을 배워 와서 성공한 이야기 이상의 울림은 없었을지 모른다. 하지만 다케쓰루에게는 다행인지 불행인지 이렇게 단순한 해피엔딩이 허락되지 않았다.

우선 투자자들은 야마자키 증류소를 건설하고 1년이 넘도록 왜 술이 나오지 않느냐며 위스키 출시를 재촉하기 시작했다. 위스키의 생명은 숙성이다. 스코틀랜드 현지에서는 법적으로 최소 3년은 숙성을 시켜야 스카치라고 부르는데 1년 만에 술을 만들어내라는 것은 아무리 눈을 낮추어도 다케쓰루로서는 도저히 받아들이기 힘든 일이었을 것이다. 그래도 투자자가 갑이니 울며 겨자 먹기로 어떻게든 생산을 했지만 이번에는 소비자 쪽에서 벽에 부딪혔다. 위스키 분위기만 낸 유사 주류(우리나라의 캡틴큐 같은 것을 생각하면 될 것이다)가 시장의 대세였던 탓에 정통 스카치 스타일로 피트 향이 있는 다케쓰루의 위스키는 시장의 외면을 받았다. 그러다보니 결국 만들고 싶던 진짜 위스키 명주는 제대로 만들어보지도 못하고 시장에 맞추어가며 어영부영하다가 10년이 흘렀고 다케쓰루는 계약 기간 종료와 함께 미련 없이 고토부키야를 떠났다.

그러고는 본인이 이상적인 양조장 위치로 생각했던 홋카이도의 요이치(余市)에 증류소를 세웠는데 이것이 닛카 위스키의 시작이다. 다케쓰루가 세운 회사의 이름은 닛카 위스키가 아니라 대일본과즙(大日本菓汁)이었다. 우선 홋카이도의 사과를 수매해 과즙음료를 만들어가며 그 수익금으로 위스키를 만들어서 충분한 숙성이 될 때까지 버틸 계획이었다고 한다. 닛카란 대일본과즙의 일(日)과 과(菓)를 합친 음독이다. 증류주를 만들려는 분들은 이런 장기적인 계획을 세워두고 시작하라고 권하고 싶다.

제대로 만든 고급 위스키가 일본에서 대중적인 술이 된 것은 흔히 말하는 거품경제 시대다. 그 이전에 고급 위스키는 그저 사치품이고 외국의 낯선 문물이었다. 동경은 하지만 일본인의 생활환경에 들어맞기에는 가격도 높고 이가 안 맞았다고 할까. 그러다가 일본인들도 해외여행을 다니고 명품을 수집하는 등 서양의 고급 문물과 접점이 넓어지면서 위스키도 생활에 안착하게 되었다. 하지만 그때까지도 일본 위스키는 주로 일본 시장에서 팔리고, 국제적인 평가가 높은 편은 아니었다. 전문가들 사이에서도 아직은 변방의 위스키 문화였다는 게 객관적인 평가다.

일본 위스키의 성공 스토리는

건너뛸 스텝이 별로 없는

주류 산업 발전의 정석이다.

하지만 21세기에 접어들면서부터는 스코틀랜드 현지의 위스키 평론가들도 일본 위스키를 다시 보기 시작했다. 결정적인 계기는 와인 업계에서 '파리의 심판'과 같은 사건이라고 할 수 있는 2007년 월드 위스키 어워즈(World Whiskies Awards)였다. 이 대회에서 싱글몰트는 아사히 맥주의 자회사 닛카 위스키의 '닛카 요이치 1987'이, 블렌디드 위스키 부문에서는 산토리 홀딩스의 '산토리 히비키 30년'이 수상을 한 것이다. 수상작의 연식에서 보듯이 20년, 30년 이상의 시간을 들였기에 가능한 일이었다. 오랫동안 쌓여온 제품력과 기술력, 브랜드에 현지의 증류소 등을 인수해서 갖춘 네트워크가 종합적으로 힘을 발휘한 결과다(위스키는 블렌딩이 생명이고 그래서 단일 증류소로는 좋은 술을 만드는 데 일정한 한계가 있다. 싱글몰트 붐의 허실을 잘 들여다볼 필요가 있다). 이 사건으로 스코틀랜드를 비롯한 위스키 업계에서 상당한 충격과 반발도 있었지만 이제는 스코틀랜드의 베테랑 마스터블렌더들도 흔쾌히 일본 위스키를 인정한다. 그만큼 스카치의 이상과 본령을 잘 구현한 위스키이기 때문이다.

그리고 그 결과가 현재의 일본 위스키 품귀 현상이다. 일본 위스키는 같은 등급의 스카치위스키보다 비싸다는 게 위스키 애호가로서의 감상이다. 같은 등급이라고 했으니 품질의 차이는 별로 없지만 분명 일본 위스키가 더 비싸다. 스카치는 수많은 브랜드들이 비슷한 등급의 상품을 계속 공급하는 데 반해서(그래도 중국과 동남아의 위스키 소비가 늘면서 프리미엄급 위스키의 몸값은 꾸준히 높아지고 있다) 일본은 몇 안 되는 브랜드에서 한정된 물량의 프리미엄급 위스키들이 나오기 때문에 품귀 현상이 벌어지는 것인데, 최소 몇년에서 몇십년을 숙성시켜야 하는 위스키의 특성상 급하게 공급을 늘릴 수도 없기 때문이다.

위스키 이야기가 좀 길어졌다. 일본 위스키의 성공 스토리는 건너뛸 스텝이 별로 없는 주류 산업 발전의 정석이다. 문화는 오리지널이 문제가 아니라 구현해내는 수준이 더 중요하다는 증명이기도 하고, 적어도 술을 업으로 삼았다면 호흡을 길게 잡고 멀리 보며 나아가야 할 일이라는, 눈앞의 이해득실에 얄팍한 마케팅으로 버텨보려 하지 말 것을 권하고 싶어 한 얘기다.

술이 팔리는 무대 기획

이제 다시 '기다림'으로 돌아가자. 조태영 대표는 술이란 것이 술만으로는 독립적으로 성공하기 힘들고 문화적으로 패키지화된 상품군을 같이 만들어야 한다는 점에 착목했다.

술이 주인공이라면 술집은 그 무대다. 술을 파는 사람, 서빙하는 사람은 그 무대를 연출하는 사람이며 음식이나 가게의 인테리어 등은 무대장치에 해당한다. 사람들은 의식을 하든 하지 않든 어떤 장소에서 어떤 목적으로 술을 마신다. 그리고 그것은 묘하게 패턴화되어 있고, 그 패턴이 바로 문화의 한 단면으로 표현된다. '비 오는 날은 막걸리에 파전' '축하할 일이 있을 때는 샴페인' '스포츠 단체

관람에는 맥주'같이 '이 자리에서는 나다' 하는 주연급 쓰임이 정해지지 않은 술들은 조금은 변방으로 밀려나게 마련이다. 우리 한주가 그렇듯이. 그래서 무대를 갖추어 주연으로 만들어 내보내는 전략이 필요한 것이다.

조 대표는 본인의 일본에서 공부하고 생활한 경험과 경력도 그렇고 주요 시장이 일본인 것도 있어서 이자카야를 모티브로 하기로 한 것 같다. 술만 수출하는 것이 아니라 그것이 소개되고 팔리는 무대까지 같이 구성해서 보낸다는 것, 그것을 위해 이자카야라는 일본의 문화를 차용하고 변용한다는 전략이다. 성공의 관건은 역시 디테일에 있겠지만 전략적 선택은 옳다고 본다. 무엇보다 그저 술이 좋다고 강변하는 것을 넘어 그렇게까지 들여다봐준 안목이 고마웠다. 이곳은 반드시 크게 발전할 양조장이라고 생각한다. 나만 그렇게 생각한 것은 아닌지 크라우드 펀딩을 통해서 투자자를 모았는데 매우 성공적인 투자 유치를 해냈다. 이렇게 자본이 필요한 부분도 옛날같이 대기업 쳐다보지 않고 해나갈 수 있는 인프라가 생겨나고 있으니 한주 산업 발전은 점점 가속도가 붙을 것이다.

양조장 기다림
부산시 동래구 사직북로 48번길 34
051-505-8523

JK크래프트 테이스팅 노트

기다림34

JK크래프트의 플래그십 프리미엄 탁주. 새콤달콤한 맛을 베이스로 한 것은 어쩌면 전형적인 부산 막걸리 스타일. 다른 점이 있다면 대개 남성적이고 직선적인 부산 스타일에 비해서 기다림34는 섬세하고 여성적인 느낌을 준다. 처음에는 산미가, 다음으로는 감미와 꽃향이 들어오고 시간이 지나면서 천천히 여운을 남기고 페이드 어웨이, 그리곤 끝이 아니라 아직도 뭔가 기대하게 하는 느낌에 한잔을 더 따르게 만드는 힘이 있다.

산미 | 중상 감미 | 중 탁도 | 3/7 탄산 | 하 도수 | 12%

기다림 맑은술

우리나라 청주의 단맛은 와인 기준으로는 대개 디저트 와인 수준. 다시 말해서 상당히 단 편이고, 이 단맛을 지루하지 않게 하려면 여러가지 설계가 필요하다. 이 설계에서 상식적으로 가장 큰 비중을 차지하는 것이 산미다. 산미만 잘 써도 단조롭다거나 너무 달다는 말은 안 나오는 법이다. 기다림 맑은술은 산미가 단맛을 잘 제어하는 느낌. 거기에 일반적인 청주보다 산뜻하고 날렵하게 나와서 마시면 즐겁고 기분이 가벼워지는 술이다. 붉은 살 생선회와 같이 먹을 때 회가 아니라 술이 주연이라고 생각하고 드셔보시라. 고등어나 청어 같은 작은 생선인지 참치 대뱃살 같은 묵직하고 향긋한 지방인지에 따라 음주 경험이 많이 달라진다.

산미 | 중상 감미 | 중 점도 | 중하 감칠맛 | 중하 도수 | 15%

3

벗드림협동조합

술을 마시면 볼이 빨개지는 소녀

벗드림협동조합의 존재를 처음 알게 된 것은 다른 양조장의 포스팅을 통해서였다. '볼빨간막걸리'와 이름도 이미지도 비슷한 상표등록을 해놓고 출시를 하려고 했는데 선수를 빼앗긴 데 대한 안타까움을 표현하는 포스팅이었다. 이건 무슨 일인가 하고 여기저기 검색을 해서 발견한 볼빨간막걸리. 요모조모로 봐도 비슷하긴 하지만 이미지가 그렇다는 것이지 디테일 면에서 한쪽이 다른 쪽을 모방했다거나 하긴 어려울 것 같고, 애초에 두 양조장이 무슨 교류가 있는 사이도 아니었으니 서로 모방할 방법도 없다. 정식 출시도 이쪽이 빨라서 법적인 분쟁의 소지는 없을 것 같았다. 장차 선의의 라이벌은 될지언정.

그나저나 볼빨간막걸리라니 이름도 발랄하지 않은가? 원고 마감 전에 신생업체들이 자꾸 생겨나서 취사선택이 어려워지는 요즘이지만 개인적으론 뮤지션 '볼빨간 사춘기'를 좋아하기도 하고, 콘셉트를 확실히 잡은 양조장이라는 생각이 들어서 찾아가볼 가치가 있는 곳이라는 생각이 들었다.

이곳의 정식 이름은 '벗드림협동조합'이다. 부산 북구 만덕동의 산비탈 주택가에 자리잡은 이곳은 소상공인 협동조합으로 여러 소상공인들이 같이 운영하는 조직이다. 그 면면을 보면, 볼빨간막걸리 외에 우리 술로 빛나는 백개의 별 '백성'은 한주 전문점이고 화장품과 비누를 생산하는 '발효가'가 있고 애견사업을 하는 '포텐독'도 있다. '라이스퐁당'은 쌀앙금 케이크 전문점이고 벗드림에서 생산하는 청주는 이곳의 이름을 따왔다. 모두들 연효재의 한주 교육 과정에서 만난 공통점이 있다. 많은 회원들이 있지만 그중에서도 김성욱 대표와 한형숙 이사가 전업으로 양조장 일을 맡고 있다.

작명이나 디자인에서 젊은 사람들의 창업이 아닌가 했지만 그런 것은 아니었다. 볼빨간막걸리는 김성욱 대표가 술을 마시면 볼이 빨개져서 그렇게 지었다고 한다. 착상은 그랬겠지만 결과물은 그렇게 일차원적이지 않다. 상당한 고민이 담긴 마케팅 감각을 엿볼 수 있는 것이 술 마시면 볼이 빨개지는 아재 이미지 대신 수줍은 소녀의 이미지가 들어갔다. 부산 특유의 새콤달콤한 스타일의 막걸리 맛은 '첫사랑의 설렘, 새콤달콤한 맛'으로 표현된다. 소녀는 광안대교를 배경으로 눈을 감고 볼을 붉히며 막걸리를 마시고 있다.

라이스퐁당은 유리병에 보라색과 남색이 주된 색조다. 볼빨간막걸리에 비해서 이쪽은 이미지가 더 고급스럽고 진중하다. 라벨에

새겨진 이미지가 술잔에서 술이 흘러내리는 몽환적인 분위기를 연출하는데, 개인적으로는 비오는 날 바다를 바라보며 혼술하기 좋겠다는 느낌이 들었다. 술도 마셔보기 전의 이미지만 가지고 하는 얘기다. 라벨만 보고 어떤 이미지를 느끼게 하는 것은 상당한 역량이다.

장사를 아는 사람들

벗드림협동조합은 소상공인들이라 확실히 '장사를 아는' 사람들이다. 디자인 측면에서는 전국의 수백개 프리미엄 한주 양조장 중에서도 최상위권이다. 하지만 아직은 판매가 활발하지 않아서 고민이 많다고 한다. 디자인은 마케팅의 일부분일 뿐이고 이것이 소비자에게 사랑받기까지는 아직도 여러 단계와 과정이 필요하다. 이런 부분들에 대해서 여러가지 이야기를 나누었다.

그중에서도 정말 중요한 요소는 역시 가격이다. 술값이 너무 싸다. 벗드림의 술은 부산 가락농협의 국산 찹쌀을 쓰고 전통누룩으로 이양주(탁주), 삼양주(청주)를 빚는다. 청주인 라이스퐁당에는 삼지구엽초와 감초 같은 약재도 들어간다. 현재의 가격은 그런 원가와 노력을 생각하면 '셀프 디스' 수준이다.

가격은 장수막걸리보다, 생탁보다 비싸면 다 비싼 것이 아직까지는 대중의 정서다. 출고가 3,000원만 되도 프리미엄을 자칭하는데 딱히 반박하기도 어려운 것이 업계 현실이다. 프리미엄 한주 입장에서 보면 마트 같은 양판점 채널이 활성화된 것도 아니지만, 그런 곳에서 문을 열어준다고 한들 기본적인 납품 물량을 댈 정도의 생산 규모도 안 되고, 그런 채널에 들어가면 또 거기서 치열한 경쟁을 해야 한다. 나는 벗드림협동조합의 두분에게 우선 최근 늘어나고 있는 한주 전문점이나 보틀숍을 잘 공략하고, 그를 위해서라도 도매, 소매가의 가격구조는 손을 좀 보는 것이 좋겠다고 조언했다.

아직까지는 가격 정책을 이렇게 하면 나중에 술 많이 나가면 후회한다고(일만 힘들고 남는 것이 없어서) 하니 그런 고민 좀 해봤으면 좋겠다는 정도의 분위기다. 상품을 정식 출시한 지 반년 정도 지난 양조장이니 지금은 그렇게 생각할 수도 있겠지만 실제로 요즘 가격 고민을 하는 양조장들이 많다. 술은 괜찮은 편인데 판매가 안 되는 이유가 가격인 경우는 거의 없다. 비슷한 퀄리티임에도 어떤 양조장 술은 고가에도 잘 나가고 어떤 양조장 술은 가성비가 좋아도 잘 팔리지 않는다. 이런 경우는 마케팅의 빈약, 혹은 부재, 혹은 실패가 원인이라고 봐도 좋다.

실은 비교적 고가에도 잘 나가는 양조장들은 업력이 제법 되는 경우가 많다. 세월이 마케팅이라고, 오래 우리 곁에 있다보니 자연스레 인지도가 쌓이고 팬이 형성된 경우다. 5~6년 전만 해도 프리미엄주 양조장이 한주 전문점에 입점하는 것이 어려운 일이 아니었다. 그런데 요즘은 양조장이 1년에 100개씩 생겨나 입점 경쟁이 치열하다는 말로 표현할 수준을 넘어섰다. 정말로 마케팅 없는 창업은 무대책 창업인 셈이다.

장사를 좀 아는 사람들의
센스 넘치는 마케팅

벗드림협동조합의 경우 카피나 디자인, 타깃팅 등을 볼 때 일단 현재의 트렌드를 잘 해석하고 올바른 트랙에 들어섰다. 양조장 자체의 마케팅 능력은 단연 상위권이다. 하지만 최근과 같이 경쟁이 심해진 한주업계에서 이런 정도로는 충분치 않다.

단적으로 SNS 마케팅은 필수가 되었다. 단순히 인스타그램 계정을 만들어 사진이나 올리며 운영하는 것이라면 누구나 할 수 있겠지만 이것도 마케팅 단계에 들어가면 여러 역량이 필요하다. 이 필수 마케팅을 위해서는 또 필수적으로 콘텐츠가 필요하다. 거기서 끝이 아니다. SNS로 인지도를 올리는 것도 쉽지 않지만 어느 정도의 인지도가 생겼다고 해도 이 자체가 바로 판매로 이어지는 것도 아니다. 전문점과 도매상을 개척할 영업력도 필요하고, 그 전문점과 도매상들이 보유한 수많은 다른 상품들 사이에서 돋보이기 위한 이벤트 기획력이나 상황대처 능력도 필요하다. 이런 것을 두어 명, 기껏 대여섯명이 운영하는 양조장에서 다 잘할 수 있다고 본다면 착각이다.

프리미엄 한주에 걸맞은 마케팅이란

인터넷을 뒤져도 변변한 설명이나 리뷰조차 없는 한주들이 아직도 수두룩하다. 당장 10년 가까이 이 업계에서 양조장이며 신상품들을 훑고 다닌 나도 최근에는 쏟아지는 신제품 출시를 따라가기가 벅찰 지경이다. 이제 한주도 SNS를 활용하는 마케팅에 눈을 뜨고 있다. 이 마케팅에 대해서 할 말이 좀 있는 것은 어쩔 수 없다.

한쪽으로는 우리나라 지자체나 농수산물 마케팅의 고질적인 악습인 근본 없는 '전통'이 돌아다닌다. 지금의 한주 붐이 한번은 숨 고르기를 할 것으로 보는 이유는 당장 준비 없이 뛰어든 업자들이 격변하는 트렌드 전쟁을 견뎌낼 수 없을 것이라고 보기 때문이다. 몇년 전의 막걸리 붐이 딱 그랬다. 외국에 수출하고 한류가 어쩌고 했을 때 실은 개인적으로 많이 부끄러웠다. 1,000원짜리 막걸리와 우리 산업이 어디에서나 통할 수준은 아니었고, 실력 이상의 붐이 일어난 성공이었기 때문이다. 물론 붐이 일고 난 후 거품이 꺼졌을 때는 바닥의 높이가 달라져 있었고, 이번의 한주 붐도 또 한 차원 성장을 낳을 것이라고 본다. 하지만 거품이 꺼질 때의 고점과 비교하면 그 차이가 크다. 그게 우리나라 외식업이 겪는 모든 트렌드의 결말이었다. 그 결말에 종사자들 다수가 고통을 겪게 될 것임은 명약관화다. 그러지 않으려면 지금부터 준비를 해야 한다. 이렇게 말해봤자 노아의 방주 같은 이야기겠지만.

또 한편으로는 깊이라고는 없는 감성팔이 콘텐츠들이 범람하고 있는, 그 정도 수준의 마케팅에 안주하는 현실이다. 사실 감성으로 접근하는 방법 자체에는 문제가 없다. 다만 그것뿐이라면 이 붐의 끝이 멀지는 않을 것이다. 새로운 한주 붐의 특징은 저가 막걸리가 아니라 국산 재료를 쓰고, 장기숙성을 시키고, 양조가의 기술과 정성이 품질에 반영되고, 근본이 불분명한 전통 말고도 문화적 가치로 사람을 충족시키는 '프리미엄 한주' 시장의 성장이다. 가격부터가 기존의 1,000~2,000원 하는 막걸리와는 달리 한병에 몇만원 혹은 몇십만원 하는 제품도 나온다. 이런 프리미엄 한주의 발전을 위해서는 와인, 사케, 위스키와 가격 면에서 그리고 대상 고객 면에서 직접적인 경쟁은 피할 수 없다. 고급주를 팔기 위해서는 고급 시장에 접근할 수 있는 여러가지 준비가 필요하다. 상품력은 그런 준비 중 하나일 뿐이다. 그 준비는 고급 업장 개발, 매스미디어를 통한 인지도 상승, 다른 고급 상품 소비자를 간접 공략하는 코마케팅 등 여러가지가 있다. 뉴미디어가 빠른 속도로 발전하고 틈새시장이 넓어지면서 방법도 점점 다양해지고 있다. 어떤 식으로 접근하든 공통적으로는 '콘텐츠'가 필요하다. 그중에서도 전문성 있는 콘텐츠가 현재로서는 많이 부족한 형편이다.

업계의 영세성은 이제까지는 큰 문제였지만 점점 해소되고 있다. 성장하는 산업에는 자본과 기술이 계속 들어오게 되어 있다. 반면 콘텐츠는 돈도 필요하지만, 사람과 시간이 만들어내고 숙성시켜서 문화의 경지에 이르러야 한다. 1,000원짜리 막걸리를 팔 때 하던 마케팅과 10만원짜리 프리미엄주를 팔 때의 마케팅은 달라야 한다. 물론 기존 주류업계의 마케팅이 하도 천편일률이라 지금은 무얼 하든 신선함이 느껴지지만, 고급주에 걸맞은 상품의 이해도 없이 껍데기로 감성만 팔아대는 것은 오래갈 마케팅이 못 된다.

전문가의 전문성이 하늘같이 높아지고 전문가의 숫자가 숲의 나무같이 많아졌을 때, 그들이 만들어내는 콘텐츠가 흐르고 흘러서 업계 종사자에서 애호가, 나아가 아예 관심이 없는 사람들 사이에도 젖어들 때, 비로소 그 분야가 성숙되어 '문화'를 이룰 수 있다. 아직까지 한주의 세계가 컬처는커녕 서브컬처에도 채 이르지 못하는 이유는 한주업계에서 일하는 사람들 자신의 깊이가 겉핥기 수준에 머물고 있기 때문이다.

성공을 위해서는 전문가를 활용해야 한다. 홍보업체도 있고 구독 서비스 업체도 있고 도매상도 있고 주점도 있고 인플루언서도 있다. 일천하다고는 해도 혼자 앉아서 용쓰는 것으로는 절대 한치도 밀어낼 수 없는 무게가 이미 쌓인 시장이다(이미 굉장히 여러 사람이 필요한 상황이 되었다). 양조장을 창업하려는 분들이나 현재 운영하시는 분들은 본인이 몇개나 되는 업체 그리고 사람들과 손잡고 일하는지 돌아보시라.

모두들 비즈니스고 생계다. 이들이 움직일 만한 가격구조를 확보하고 적절하게 활용해 그 시장을 넓히고 문화를 만들어가야 한다. 가격만 가지고 어필하는 시장은 몇년 전에 지나갔다.

벗드림양조장
부산시 북구 덕천로247번길 3 2층
051-337-3762

벗드림협동조합 테이스팅 노트

볼빨간막걸리

볼빨간막걸리는 산미가 비교적 강하고 그에 못지않은 감미도 있다는 면에서 전형적인 부산 막걸리의 문법을 충실히 따르고 있지만 설레는 첫사랑의 맛이라는 이름에 걸맞은 새콤달콤함은 일반적으로 남성적인 부산 막걸리와는 결이 다른 모습. 전반적으로 쉽고 즐겁게 마실 수 있는 술이기는 한데 뒤가 뚝 떨어져서 쓴맛이 강조되는 면은 개선이 필요할 듯하다. 조금만 더 쭉 밀고 나가는 느낌이면 좋겠다 싶다.

산미 | 중상 **감미** | 중 **탁도** | 3/7 **탄산** | 중하 **도수** | 7%, 10%

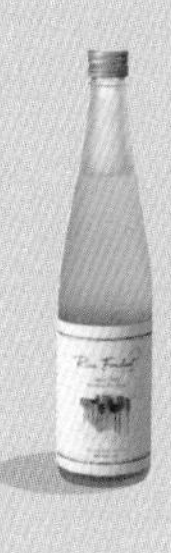

라이스퐁당

일단은 달보드레한 스탠더드 청주 같지만 입안에 머금고 조금 기다려보면 삼지구엽초와 감초 등의 약초가 존재감을 드러낸다. 단맛에서 천천히 쌉쌀한 맛으로 이어지는 것이 라벨의 흘러내리는 술과도 같은 느낌이다. 한잔을 더 마시면 다시 단맛에서 은은한 쓴맛으로 천천히 흘러간다. 비 오는 날 영도대교나 광안대교 같은 곳에서 창밖을 바라보며 혼술할 때 딱 이 술이다 싶은 느낌. 라벨만 보고 느꼈던 생각이 술을 마셔보니 더욱 강해졌다. 쓴맛은 있지만 미묘한 뉘앙스 정도라서 음식과의 궁합도 어렵지 않다.

산미 | 중 **감미** | 중 **점도** | 중 **감칠맛** | 중 **도수** | 13%, 17%

4

가마뫼양조장

좌천동굴 복원 사업

가마뫼양조장은 다음에 소개할 유광상사의 이광록 대표가 소개해준 곳이다. 가마뫼는 한자로 옮기면 부산. 부산이라는 도시의 우리말 이름이 가마뫼다. 하지만 고고학 전공의 이광록 대표에 따르면 도대체 이 가마뫼, 부산이 어디인지는 정확히 비정된 바가 없단다. 가파른 산으로 이루어진 좌천동에 부산은 아니고 증산 공원이 있다. 이 증산이 부산의 원조라는 설이 꽤나 유력하게 들린다. 여담이지만 부산의 부(釜) 자는 일본어로 가마라고 읽을 수 있다. 두 나라 다 솥이나 시루 등속의 용기를 가마라고 부른다.

이제 이 좌천동에 자리잡은 가마뫼양조장의 이야기를 이어보자.

가마뫼. 부산이 어딘지는 정확히 모른다고 했지만, 우리가 아는 부산은 여기가 진짜라는 느낌이다. 왜란 당시에 최초의 교전이 있었던 부산진도 이 지역이었고(당시 부산진 첨절제사로 장렬히 전사한 정발 장군을 기리는 정공단도 여기에 있다), 개항 시기 한국의 근대를 연 부산항의 여러 근대사적도 여기에 모여 있다. 남포동이며 부산역 같은 중심지가 걸어갈 만한 거리(30분~1시간 이내)에 있다. 지금은 쇠락해가는 원도심이지만 부산이라는 도시의 원래 중심이 이 부근이라는 것은 누가 봐도 확연하게 느껴진다.

이 산등성이 위로 솟은 산은 부산이 아니라 증산이라고 불린다. 시루나 가마솥이나 거기서 거기니까, 증산이라고 해도 여기가 부산이라는 지명의 유래가 되는 그곳이라는 추론은 여전히 유효하다. 이 증산의 산기슭으로 6·25 때 피란민들이 몰려오면서부터 주택가가 빼곡하게 들어섰다고 한다. 그 이후로 주택가에 학교들이 세워지고 중턱으로는 제법 넓은 길이 생겼다. 그 넓은 길, 금성중고등학교에서 가까운 어딘가에 가마뫼양조장이 있다.

가마뫼양조장은 부산시 동구 좌천동의 주민들이 모여서 만든 마을기업이다. 좌천동에는 일제강점기 방공호 목적으로 판 것으로 보이는 동굴이 있고 여기는 전쟁 후에 막걸리를 파는 식당이 있었다고 한다. 동굴 속에서 마시는 막걸리와 파전은 이 지역의 명물이었는데 2009년 아파트를 짓고 도로공사를 하면서 이런 식당들이 사라졌다.

이 마을기업은 본래 좌천동굴 복원 사업을 하기 위해서 만들었다. 국토해양부 공모사업에 전국 1등으로 뽑혀 사업지원금도 받았는데 막상 제대로 사업을 하려니 어려움이 생기기 시작했다. 우선은 동굴인데 도로공사 등으로 주변이 개발되니까 붕괴위험이 있어

마을 사람들이 모여 만든 양조장.

그래서 위치도
사람들 북적이는 곳이다.

여기를 예전에 했던 대로 식당으로 이용하는 것은 불가하다는 결론이 났다. 그래서 생각해낸 것이 식당은 못하더라도 막걸리는 살리자는 것이었다. 그런데 마을기업 구성원들이 술을 배우다보니 진짜 술이란 것은 1,000~2,000원짜리 감미료 든 막걸리가 아니더라는 것. 진짜 제대로 된 술을 빚어보자며 무려 오양주의 술을 빚기로 했고, 동굴은 그 술을 숙성시키는 공간으로 사용하기로 했다. 하지만 좌천동굴이 엄청 깊고 긴 동굴이 아니다보니 생각보다 온도가 일관되지 않아 결국 저장소로 활용하기도 힘들겠다는 결론이 났다. 좌천동굴은 현재 일반 개방을 하고 사적으로, 관광명소로 나름의 역할을 하고 있지만 양조장 입장에서는 스텝이 꼬였다.

좌천동굴로부터 가파른 산 위를 한참 걸어 올라가면 가마뫼양조장이 보인다. 지하1층, 지상 1층의 작은 양조장인데 좌로는 서면 쪽으로 부산 시가지를 내려다보고 우로는 부산항의 컨테이너 크레인과 바다를 굽어보는 천하 절경이다. 이 뷰만 봐도 여기까지 걸어 올라온 보람이 있다.

무려 오양주로 빚은 술

이곳에서는 '우리술이바구'라는 이름의 막걸리를 만든다. 이바구는 경상도 사투리로 '이야기'다. 이곳 좌천동 일대가 시에서 지정한 '부산포 개항가도 이바구길'이라 그런 작명을 했다. 이 길이 경사가 가팔라서 더운 날에는 한바퀴 돌고 여기 가마뫼양조장에서 목을 좀

축이고 가면 안성맞춤이겠다.

술 자랑을 해달라니 모든 맛과 향이 다 짙은 술이라 한다. 산미도, 감미도, 감칠맛도, 쓴맛까지도 일반 막걸리와는 비교가 안 되는 탄탄한 볼륨이다. 거기에 술 자체가 묵직하기도 하다. 오양주이다보니 가격은 일반 막걸리와는 비교가 안 되게 비싸다(그래도 프리미엄 한주의 일반적인 가격대를 벗어나지는 않는다). 그래도 알음알음으로 마니아들이 술을 사러 방문한다고 한다. 아직 지역특산주 지정을 못 받아서 인터넷 판매도 안 하고, 그렇다고 영업을 하러 다니는 것도 아니라 잘 알려지지 않았다. 마을기업이다보니 사람은 많아도 다들 본업이 있어서 급격히 규모를 확장하기가 쉽지 않다. 하지만 유광상사와의 협업 등으로 앞으로는 규모를 좀 키워볼 생각이 있다. 곧 지역특산주 지정도 받아 인터넷 판매도 추진하고 말이다.

협업으로 달라지는 한주 인프라

일이란 혼자서는 크게 못한다. 사람의 재능은 물론이고 그 재능으로 쌓아온 지식, 경험, 네트워크 등은 마음만 있다고 따라할 수 있는 것이 아니다. 술 빚는 능력과 술 파는 능력은 매우 다를 수 있다(그리고 술 파는 능력과 돈 버는 능력도). 한주 산업은 발전 초기이니만큼 이런 분업체계가 특히나 발달하지 않아서 양조장에서 직접 콘텐츠도 만들고 SNS도 운영하고 영업도 다니고 이벤트도 해야 한다고 생각하는 쪽과, '그걸 어떻게 다 해' 하며 손 놓는 경우 두 극단이다. 답은 둘 다 아니고 둘의 어느 중간도 아니다. 산업이 고도화되면서 참여하는 사람들에게 요구되는 자원의 크기가, 협업의 넓이가 달라진다. 생각의 틀을 바꾸지 않으면 답이 없다.

콘텐츠 한가지만 봐도 만드는 전문가가 따로 있고 유통시키는 전문가가 따로 있으며 특정 문화권이나 산업에 따라 그 나라, 그 산업의 전문가가 또 따로 있다. 이런 여러 재능과 인프라가 모여야 산업이 된다. 한류만 하더라도 노래 잘 부르고 춤 잘 추는 것으로 이렇게 세계적인 문화가 된 것이 아니다. 초기에는 아이돌 그룹과 기획사가 맨땅에 헤딩하는 정신으로 외국의 지역 공연장을 돌며 무작정 홍보활동을 했다. 지금은 현지의 홍보회사며 공연기획사며 음원배급사 등 시스템을 갖춰 돌아가고 있다. 지방에서 꿈을 갖고 서울로 올라온 10대 소년소녀가 몇년 사이에 월드스타가 되는 것은 기적이 아니라 산업이다. 한류는 그렇게 여러 방면의 전문가들이 협업 시스템을 갖춰가는 과정을 거쳐 지금의 산업이 된 것이다. 우리나라는 제조업 강국이라 그런지 사람들이 이런 소프트한 인프라는 못 보고 상품을 만들어내는 것에만 집착하는 경향이 있다. 정부지원도 제조업 위주라서, 물건만 만들면 파는 건 저절로 되는 줄 아는 것 같다. 콘텐츠나 마케팅도 '프로덕트' 중심으로 접근하는 나라다. 하긴, 그 한류 산업에서 우리나라가 가진 가장 큰 강점이 바로 상품인 아티스트들을 만들어내는 '프로덕션' 능력이긴 하다. 상품이 모든 가치사슬의 시작인 것도 사실이다.

한주도 10년 전과 비교하면 눈부신 인프라들이 생겨났다. 한주 전문점이 몇백개나 있고 특정 주류 도매상도 이제는 양손에 꼽기 힘들 만큼 많아졌으며 인터넷 판매도 가능해졌다. 홍보를 전문으로 하는 사람들도 있고 한주 양조장을 테마로 투어를 하기도 한다. 한주를 테마로 활동하는 인플루언서의 숫자도 엄청나게 늘었다. 그런 인프라들을 믿고 일을 맡기는 것이 양조장 스스로 하는 것보다 훨씬 효율이 높고 앞으로 이런 차이는 더 커질 것이다. 전문성을 갖춘 업체는 양조장 자체 역량으로는 해결할 수 없는 일들을 할 수 있다. 그렇게 하고 싶은데 돈이 없다고? 연락 주시라. 네고시앙이란 그런 일을 해결하는 사람들이다.

주식회사 가마뫼
부산시 동구 증산로 74
070-4036-5885

가마뫼양조장 테이스팅 노트

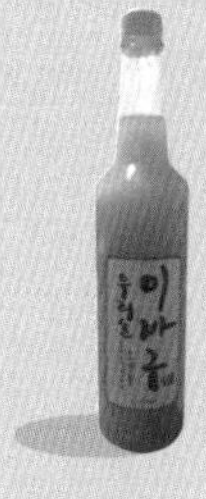

우리술이바구

시장에서는 드문 오양주다. 양조장 측에서 자랑하는 바이기도 하지만 맛과 향이 모두 강하고 피니시가 길다. 아직 좀 다듬을 데가 있겠지만 세련되지 않은데도 골격이 튼튼해 대성할 술이다. 탁주 6개월, 약주 1년 숙성이라는데 더 긴 숙성이 필요할 듯하다.

산미 | 중 **감미** | 중 **탁도** | 중상 **탄산** | 중 **도수** | 15%

5

유광상회

한주 전문 보틀숍과 식당

부산의 '이유 있는 술집'은 양조장은 아니지만 내가 생각하는 한주 전문점의 모습을 구현한 곳이어서 이 책에 꼭 소개하고 싶었다. 부산 양조장 투어의 한뼘 같은 곳이지만 이곳 대표와의 긴 이야기들도 담고 싶어 자세히 쓰고자 한다.

인스타그램에서 특이한 계정을 발견했다. 최근에는 정말 막걸리나 전통주를 내건 계정이 하루에도 몇개씩은 생겨나는 것 같다. 한주 전문점 계정들이 늘어나는 속도를 보면 확실히 한주 산업이 거의 변곡점에 다다르고 있다는 생각이 든다. 콘텐츠의 퀄리티 면에서 보면 아직은 대부분 아마추어 냄새 풀풀 나는 시음기들인데 이 부분이 해결되면 본격적으로 한주 산업이 주류(主流) 주류 산업으로 올라설 것으로 본다.

어쨌든 그중에서도 진짜 특이한 것, 한주 전문 보틀숍이 눈에 띈 것이 벌써 해가 넘은 것 같다. 이름은 '이유 있는 술집'이다. 그리고 그 옆에 '부자집'이라는 고기집도 같이 한다. 보틀숍과 식당을 나란히 하는 것은 평소에 이상적이라고 생각하는 업태이기도 해서 더 눈길이 갔다.

보틀숍은 술을 팔 수는 있지만 현장에서 음용은 원칙적으로 안 된다. 간단한 시음 같은 것이라면 모르되 본격 음주 영업은 법적으로 제약이 있다. 그래서 와인도 보틀숍을 두고 바로 옆에 와인 바나 레스토랑을 같이 운영하는 경우가 많다. 와인이라면 기본적으로 소매가 한병이 만원 단위는 넘는 것이 대부분이다. 요즘 마트에서 대량수입하는 와인들은 천원 단위도 있지만 이건 규모의 경제가 적용되어 가능한 것이니 일반적인 와인숍의 경우는 아니다. 보틀숍에 직접 방문해서 살 정도면 평균적인 구매자보다 지출액은 상당히 높다고 봐야 할 것이다. 이것이 레스토랑 형식의 업장에 들어가면 인건비와 임대료 등등의 가격 요소가 더해져서 최소 두배 이상, 어쩌면 세배 정도의 가격에 팔리게 된다. 높은 가격은 소비자에게 부담이 되고, 소비자 부담이 커지면 매출이 줄어드는 것은 당연지사다. 그래서 와인은 레스토랑에서 주문하는 것보다 따로 구입한 술을 가져가 콜키지를 내고 마시거나 업장이 아닌 곳에서 마시는 경우가 많다.

보틀숍은 공간도 적게 차지하고 인력도 많이 필요하지 않아서 당연히 가격을 내릴 수 있다. 그래서 두 공간을 나란히 운영하면서 술을 원하는 사람들은 보틀숍에서 술을 구입해 옆에 있는 레스토랑으로 가져와 최소한의 콜키지를 받고 간단한 안주를 시켜 마시는 방식으로 한다면 소비자와 판매자가 모두 윈윈하는 형태가 가능하다. 보틀숍 '이유 있는 술집'과 고기집 '부자집'은 이렇게 이상적인 공생 모델로 보였다.

한주 보틀숍의 첫 시도는 전통주 갤러리 관장을 역임한 이현주 선생이 운영하던 '현주가'가 있었던 것으로 기억하는데 보틀숍 형태로는 오래 지속하지 않았던 것 같다. 전통주 갤러리며 다른 강의와 행사 등으로 바쁜데 전문성이 절대적으로 중요한 보틀숍 형태는 남에게 맡겨 운영하기가 쉽지 않았을 것이다. 그후로도 나도 그렇고 백곰막걸리의 이승훈 대표도 그렇고 알 만한 업계 꾼들이 다들 모색하던 업태인데 전문성 있는 인력이 많지 않다는 점과 구매 및 재고관리가 꽤나 골치 아픈 업태라는 점에서 쉽게 손을 못 대었다. 따지고 보면 주점 운영에 필요한 리소스와 비슷한 것이 많고, 초기 창업비용이나 인건비 리스크는 적으니까 비즈니스적으로는 오히려 주점 창업을 하는 것이 이상할 지경인데, 1인 창업 개념의 보틀숍을 하기에는 전문성이 되는 인사들이 다른 일들로 너무 바빴던 것이다.

사실 이 보틀숍이 참 할 만한 장사인 것이, 아직 시장이 충분히 확대되지 않았다 하더라도 마니아층을 잘 공략하면 사업성이 있다. 몇평 정도의 작은 공간에서도 충분히 할 수 있고, 사람을 고용하지 않고 꾸려갈 수 있으며 마진도 나쁘지 않다. 문제는 그놈의 전문성인데, 이건 갖추기가 쉽지 않다. 이유 있는 술집은 꽤나 지속성도 있고 재미있는 기획들도 하는 편이라서 어느 정도 자리를 잡았다고 봐도 좋을 것 같다. 멋도 맛도 모르고 무조건 전통주 타령만 하다가 나가떨어지는 부류와는 이미 업력에서 차별점을 보여주었다. 부산에 그런 고수가 있다는데 찾아가지 않을 도리가 없었다.

슬럼프를 통해 찾은 길

인스타그램 프로필에 있는 전화번호를 통해 연락을 취했다. 그리고 만났다. 만남의 장소는 유광상회 부자집. 유광상회란 이광록, 이유록 남매의 이름에서 한 글자씩 따서 지은 이름이다. 본래 어머니께서 하시던 사업체의 이름이기도 하단다. 그러니까 회사명이 가명을 이은 셈이 된다.

이광록 대표는 대학생 시절부터 동생 이유록 씨와 같이 이곳 경성대 상권에서 지금의 부자집을 운영한 지 10년이 넘었다. 일찍이 장사가 잘 되어서 대학생 시절부터 돈도 좀 만졌다고 한다. 그런데 그러고 나니까 슬럼프가 왔다. 돈 버는 건 너무 쉬워 보이고, 인생의 의미는 이 돈과 매일의 노동을 바꾸는 것인가 하는 생각이 들어서, 몇년 재미있게 돈 쓰고 다니며 장사는 돌아보지를 않았다. 그러던 어느 날 동생이 종이를 한장 들고 왔는데, 요는 가게의 이런저런 상황들을 일목요연하게 정리해와서 '망하기가 직전인데 어쩔래?' 하는 최후 통첩이었다. 이미 거액의 빚을 지고 있는지라 망할 여력도, 이유도 없어서 다시 정신을 차리고 장사를 열심으로 하기 시작했다. 그 결과로 한 이태 만에 장사는 살아났는데 또다시 같은 슬럼프가 왔다. 도대체 무엇 때문에 이렇게 매일 일을 하고, 또 일을 하고, 돈을 벌고… 그것이 내 인생에 무슨 의미가 있는가? 하는 물음이 다시 찾아온 것이다.

이번 슬럼프는 방황으로 끝나지 않았다. 두번의 슬럼프를 통해서 본인의 성향을 알게 되었다. 삶에는 도전이 필요하다는 것, 의미가 필요하다는 것이다. 그래서 어찌할까 생각하다가 우선 막걸리집을 해보자는 생각이 들었다. 고고학 전공이라 지방을 다니면서 막걸리를 마실 기회도 많았고 그때 마셨던 술들 중 기억에 남는 것도 있었다. 우선은 술을 많이 마셔보는 것으로 시작했다. 한 2년 정도를 전국의 유명하다는 막걸리들을 구해 동생과 직원들과 같이 마셨다.

술을 마셔보는 것이 어쩌면 아카데미를 가는 것보다 좋은 방법일 수 있다. 지식도 중요하지만 외식업에서 중요한 것은 무엇보다 스스로 먹고 마셔본 경험이다. 내 경우도 WSET(Wine & Spirit Education Trust) 시험을 볼 때 점수 분포가 레드와인에서 높다가 화이트에서 디저트 와인으로 가면 확 떨어지고, 다시 위스키 등의 증류주로 가면 점수가 살아나는 결과를 보았다. 결과적으로 나의 음주 경험 분포와 정확히 일치한다.

이렇게 한 이태를 테이스팅하면서 수백종의 테이스팅 데이터가 자연스럽게 쌓였다. 기존의 유광상회 부자집에서 술 판매를 시작하긴 했지만 아직까지는 어떻게 비즈니스를 할 수 있을지에 대해서 뚜렷한 전망을 세우지 못하고 있을 때였다.

그러던 와중에 휴가로 프랑스를 여행 중이던 이유록 씨가 보틀숍 아이디어를 냈다. 프랑스 곳곳에 어디든 찾을 수 있는 작은 가게들, 생산자와 운영자와 고객이 서로 '관계'로 이어져 무수히 많은 와인 중 취향과 예산과 의도에 맞는 술을 추천받을 수 있는 곳, 샘솟는 다양성이 소개되고 음미되는 곳, 그리고 새로운 취향이 꽃피는 장소. 이광록 대표도 대번 이거다 하는 생각이 들었다고 한다. 그러고는 여러 고민 끝에 마침 자리가 난 부자집 옆의 작은 공간을 임대해 보틀숍을 열기로 했다. 이유록 씨의 제안으로 시작한 것이기에, 또 존재의 이유가 있는 곳이기에 '이유 있는 술집'이라고 이름을 지었다.

이렇게 해서 막걸리 전문점 '두번째 술집', 전통주 창업 컨설팅 및 도매업을 하는 '유광상사', 또다른 술집인 '천춘일 식당', 그리고 이유 있는 술집의 해운대 지점과 광안리의 팝업 스토어 등 현재는 농반진반으로 '유광그룹'이라고 할 정도로 역동적으로 커나가고 있다. 이유 있는 술집은 프랜차이즈 사업을 시작해 이미 몇개의 지점이 개업했다. 이게 불과 몇년 사이의 일이다.

이 '유광그룹'은 영남지방의 한주 씬에 상당한 영향을 남기고 있다. 무엇보다 술을 잘 판다. 알 만한 대기업의 제품도 자체 대리점보다 유광상사(탁주와 약주를 취급하는 특정 주류 도매상)를 통해서 파는 것이 더 많다고 할 정도다. 주목할 만한 실적을 올린 후에 상품이 알려지니 너도나도 취급하겠다고 해서 결국 페이스메이커만 해주고 끝난 경우가 되었지만 말이다.

샘솟는 다양성이 소개되고
음미되는 곳,

그리고 새로운 취향이
꽃피는 장소.

영업의 비결이 궁금해져서 집중적으로 캐물었다. 별것 없다면 별것 없는 비결은 '재미있게' '보람 있게' 일하는 것이다. 유광상사의 직원들은 단순히 술 배달하는 사람들인 기존 특정 주류 도매상 직원들과 달리 제품에 대해서 깊이 파고들어 지식을 쌓고 업장에 가서는 어떻게 술을 팔 수 있을지 함께 고민하는 컨설턴트 역할을 한다. 업장의 어떤 메뉴와 잘 어울릴지, 어떤 이벤트가 효과적일지, 어떤 고객층에 집중적으로 어필할지 등을 같이 고민하고 메뉴판이나 홍보물도 같이 만든다. 이렇게 하니까 술이 안 팔릴 수가 없다. 개인적으로 지역특산주 등의 제도로 인터넷 판매가 개방된 프리미엄 한주 시장에서 도매상의 역할에 대해 많은 고민이 있었는데 유광상회가 하나의 모델을 보여주는 느낌이다. 직원들, 그러니까 컨설턴트들에 대한 좀더 체계적인 교육과 데이터베이스가 쌓이면 이 사람들이 엄청난 능력을 발휘할 수 있을 것이라고 생각한다.

천춘일 식당

유광상사는 부산의 가장 오래된 시장인 부산진시장에서 길 하나 건너편 자성대 공원 근처에 '천춘일 식당'을 개업했다. 자성대 공원 주변으로는 섬유, 직물 관련된 회사나 상점들이 많고 주택가들도 점점이 자리잡아서 서울로 보면 꼭 동대문시장 인근의 창신동, 숭인동 같은 분위기가 있다. 상권 면에서 볼 때 도심이라도 번화가에서는 한 길 뒤로 들어와 있는 곳이고 주변에 상점이 거의 없어서 밥집이나 편의점이라면 모를까 술집으로서는 한마디로 C급 상권으로 판단되는 곳인데, 술집 상권으로서는 그렇다고 해도 또 도심지 시장 상권이라 임대료가 싼 것도 아니다. 그럼에도 천춘일 식당이 굳이 여기에 자리잡은 이유가 있다. 우선 고고학 전공자 이 대표의 '유적을 바라보며 살고 싶다'는 취향, 그리고 이곳이 이광록 대표가 나고 자란 고향이기 때문이다. 특히나 외할아버지 손에서 유년기를 보내서 그리움이 있다고 한다. 식당 이름은 바로 외할아버지 천춘일 옹의 성함이다. 후손으로서 표할 수 있는 최고의 오마주가 아닐까.

코로나19 확진자가 막 급증하던 당시다. 코로나19 탓에 부산 거리가 다 한산한 것은 범천동 로터리 숙소에서부터 20여분을 걸어가며 충분히 느꼈는데 마침 도착하니 손님은 나 혼자였다. 어차피 이광록 대표와 이런저런 이야기를 나누러 왔으니 나로서는 다행이다 싶다.

앉으니 일단 시음주가 나왔다. 물론 무료다. 이렇게 하는 게 현재로선 프리미엄 한주 전문점이 가장 잘하는 일이고 잘해야 하는 일이라고 생각한다. 존재도 몰랐던 고가의 상품에 지갑을 열게 하기 위해서는 체험이 필요하다. 스스로 좋다고 느낄 기회를 주지 않고 물건이 안 팔린다고 불평한다면 장사의 기본이 안 된 것이다. 문제는 이런 시음이 술값 이상으로 손이 많이 가고 공부도 많이 해야 하는 전문적인 일이라는 것이다. 와인 소믈리에들이 엄격한 훈련과 방대한 지식을 요구받는 이유이기도 하고, 우리가 그들을 존중하는 이유이기도 하다.

우리나라는 아직까지 이런 인력을 훈련시킬 제대로 된 기관이 없는 것이 현실이다. 고객 응대는 실전이라 책으로 배울 수 있는 것도 아니고, 술에 대한 지식만으로 되는 것은 아니라 더욱 그렇다. 어쨌든 시음을 하면서 시험 삼아 이런저런 까다로운 질문도 했는데, 아카데미를 다닌 것은 아니어도 술에 대한 지식과 경험이 상당히 탄탄한 것을 느낄 수 있었다. 나도 한주에 대해서는 선생님께 배운 것이 아니라 책 몇권 보고, 술 마시고 테이스팅 노트 쓰고, 양조장 돌아다니며 귀동냥하고, 결국은 장사하면서 쌓은 실전으로 이렇게 책까지 쓰고 있는 것이다.

천춘일 식당은 돈을 많이 벌려고 하는 매장이 아님을 한눈에 알 수 있었다. 크지도 않지만 자리 배치도 '돈 되는' 방식은 아니다. 오히려 여기는 이광록 대표가 주방을 보는 외삼촌과 함께 손님들과 즐기면서 힐링하는 장소 느낌인데 내 눈으로는 한주 전문가들을 훈련하기에도 맞춤인 장소로 보였다.

불행인지 다행인지 그날의 손님은 결국 나 하나. 시간이 좀 늦어지니 아예 이 대표와 앉아서 대작을 했다. 업계 돌아가는 이런저런 이야기를 나누면서 느낀 것은 업계를 바라보는 눈이 나와 상당히 비슷하다는 것이었다. 그리고 본인의 생각에 대한 주관이 강하고 추진력도 있어보였다. 그 말은 '오해도 좀 사겠다' 싶은 타입이라는 말이기도 하다. 내가 꽤나 이상한 이유로 욕도 얻어먹고 오해도 많이 받아서 느낌이 딱 온다. 그런 점이 오히려 더 의기투합해 영업시간이 넘도록 둘이 대작을 하면서 많은 이야기를 나눴다.

그 많은 이야기들 중에서도 다랭이팜과의 협업 소식을 전하고 그 부분에서 또 하나의 협업고리를 만들기로 약속했다. 크라우드 펀딩은 아직까지 규모도 작은 편이지만 잘되더라도 결국은 일회성 매출이다. 매출보다는 홍보와 콘텐츠라는 측면이 강하다. 결국 주점과 소매 쪽에서 꾸준히 받쳐주지 않으면 안 된다. 다랭이팜이 마침 경남 지역 양조장이기도 해서 유광상회에서 크라우드 펀딩 이후의 팔로우업을 하며 계속적으로 협업하는 모델을 만들기로 약속했다. 더불어 앞으로 새로운 상품 기획도 같이 해보기로 했다. 이제 한주도 네고시앙 시스템을 갖게 된 것이다.

유광상회 부자집 & 이유 있는 술집
부산시 남구 용소로8번길 34
051-626-1127

천춘일 식당
부산시 동구 자성로75번길 29
070-4177-1127

사진제공

두술도가	196면
문경주조	208면
벗드림협동조합	312면
셔터스톡	34, 45, 124, 186, 246, 276면
오미나라	229, 239면
위키커먼스	303면
중원당	147면
픽사베이	93, 161면
JK크래프트	294면

* 그외의 사진은 저자 백웅재가 촬영한 것이다.

우리 술 한주 기행

초판 1쇄 발행/2020년 9월 10일

지은이/백웅재
펴낸이/강일우
책임편집/최지수 홍지연
조판/박아경
펴낸곳/(주)창비
등록/1986년 8월 5일 제85호
주소/10881 경기도 파주시 회동길 184
전화/031-955-3333
팩시밀리/영업 031-955-3399 편집 031-955-3400
홈페이지/www.changbi.com
전자우편/nonfic@changbi.com

ISBN 978-89-364-7815-5 03980